广东南岭亚热带森林
——树种及其分布格局

Guangdong Nanling Subtropical Forest Dynamics Plot: Tree Species and Their Distribution Patterns

沈 勇 龚粤宁 梅启明 刘志发 吴林芳 张 强 ◎ 编著

中国林业出版社
China Forestry Publishing House

图书在版编目（ＣＩＰ）数据

广东南岭亚热带森林 ： 树种及其分布格局 ／ 沈勇
等编著． -- 北京 ： 中国林业出版社，2024.3
　　ISBN 978-7-5219-2573-9

　Ⅰ．①广… Ⅱ．①沈… Ⅲ．①亚热带林—群落生态学
—研究—广东 Ⅳ．① S718.54

　中国国家版本馆CIP数据核字 (2024) 第 002116 号

责任编辑　于界芬　　张健

出版发行　中国林业出版社
　　　　　（100009，北京市西城区刘海胡同 7 号，电话 010-83143542）
电子邮箱　cfphzbs@163.com
网　　址　https://www.cfph.net
印　　刷　北京博海升彩色印刷有限公司
版　　次　2024 年 3 月第 1 版
印　　次　2024 年 3 月第 1 次印刷
开　　本　889mm×1194mm　1/16
印　　张　17.5
字　　数　550 千字
定　　价　288.00 元

作者简介 --

沈 勇 广东省科学院动物研究所副研究员,博士。研究领域:群落生态学,动植物关系。主持国家自然科学基金、中国博士后科学基金、广东省自然科学基金等项目十余项,在 *Functional Ecology*、*Proceedings B*、*Ecology* 等期刊发表论文二十余篇。南岭森林动态监测样地主要建设者和数据管理员。

龚粤宁 广东南岭国家级自然保护区林业高级工程师。研究领域:自然保护区管理。南岭森林动态监测样地主要建设者。

梅启明 广州林芳生态科技有限公司总工程师,博士。研究领域:进化生物学和群落生态学。南岭森林动态监测样地数据分析人员。

刘志发 广东南岭国家级自然保护区林业高级工程师。研究领域:野生动植物保护。南岭森林动态监测样地主要建设者。

吴林芳 广州林芳生态科技有限公司总经理,林业高级工程师。研究领域:森林生态学、植物资源开发与利用。南岭森林动态监测样地主要建设者。

张 强 广东省科学院动物研究所研究员,博士,中国鸟类学会理事,广东省动物学会、广东省湿地协会副理事长。研究领域:鸟类多样性与种间社会关系。主持科技部基础专项课题和国家自然科学基金等项目二十余项,发表学术论文五十余篇,代表性研究发表在 *Ecology*、*Functional Ecology*、*Proceedings B*、*Journal of Biogeography* 等期刊。曾获"郑作新鸟类科学青年奖"和"林浩然动物科学杰出青年奖"等荣誉。南岭森林动态监测样地主要建设者。

组织单位 --

广东省科学院动物研究所
广东南岭国家级自然保护区管理局
广州林芳生态科技有限公司

序

　　森林生物多样性的监测和研究是维持森林健康和生态系统服务功能的基础，同时也为保持生态平衡和生物资源的可持续利用提供科学的依据。中国森林生物多样性监测网络（Chinese Forest Biodiversity Monitoring Network，简称CForBio）由中国科学院生物多样性委员会于2004年开始建设，是中国生物多样性监测与研究网络，也是全球森林生物多样性监测网络（CTFS-ForestGEO）的重要成员，包括分布于北方林、针阔混交林、落叶阔叶林、常绿落叶阔叶混交林、常绿阔叶林以及热带雨林等多种森林类型中的样地和研究设施。

　　截至2021年3月，CForBio已在北方林、针阔混交林、落叶阔叶林、常绿落叶阔叶混交林、常绿阔叶林以及热带雨林累计建成24个大型森林动态样地和近60个面积1~5 hm^{2}的辅助样地。样地总面积达到665.6 hm^2，标记的木本植物（胸径 ≥ 1 cm）1893种268.54万株，较好地代表了中国从寒温带到热带的地带性森林类型。

　　位于广东北部的南岭山地是我国"两屏三带"生态安全屏障中"南方丘陵低山带"重要的组成部分，具有全国最典型的中亚热带常绿阔叶林，特殊的地理位置孕育着许多以南岭为起源中心和分化中心的特有动植物种类，被评价为中国具有国际意义的14个陆地生物多样性关键地区之一。目前，广东正在积极创建南岭国家公园，在南岭山地开展森林生物多样性的监测与研究，对于保护该区域具有国家代表性的常绿阔叶林森林生态系统的完整性、推进生态文明建设和美丽中国建设具有重要的意义。

　　南岭中亚热带常绿阔叶林20 hm^{2}森林动态监测样地，由南岭国家级自然保护区管理局联合广东省科学院动物研究所及广州林芳生态科技有限公司于2021年建设完成，填补了该生物多样性关键地区大型森林动态监测样地的空白。其中，广东省科学院动物研究所已在南岭山地连续开展了十几年的生物多样性监测与研究，对于查清该地区的生物资源状况，助力南岭国家公园的建设都具有积极的作用。未来，南岭 20 hm^2 大样地的研究将以多营养级的动植物多样性维持机制为基础，重点关注野生动物在维持森林生态系统功能中的重要作用；以动植物关系网络为特色，探索生态系统的稳定性及服务功能，进一步推动南岭山地生物多样性研究向"精细化"和"体系化"发展。目前，《广东南岭亚热带森林——树种及其分布格局》一书已编写完成，即将付梓。本人有幸在正式出版之前先睹为快，感谢编写者卓有成效的努力。借此机会，向编写者表示衷心的祝贺，并向同行真诚地推荐。

该书将会成为读者了解南岭山地生态环境和生物资源的重要文献，也是从事自然保护地管理、自然教育、生物多样性保护和恢复等相关领域专业技术人员的重要参考资料。随着南岭国家公园建设的推进，也将吸引更多国内外的有识之士来到南岭，共同探索生物多样性的科学问题，推动南岭森林生态系统原真性和完整性保护，届时本书亦将发挥更大的作用。

2024 年 2 月

前　言

　　南岭山脉由越城岭、都庞岭、萌渚岭、骑田岭、大庾岭5座山组成，故又称"五岭"。南岭地处广东、广西、湖南、江西4省份交界处，是中国江南最大的横向构造带山脉，也是长江和珠江两大流域的分水岭。南岭山脉除保留了典型的亚热带常绿阔叶林外，还分布有沟谷雨林、针阔叶混交林、针叶林和山顶矮林等植被类型。南岭山脉在生物进化历史上具有重要的地位，是古热带动植物的避难所，近代东亚温带、亚热带植物的发源地之一，也是现今我国14个生物多样性热点地区之一，以及开展生物多样性监测和研究的重要区域。

　　广东南岭国家级自然保护区总面积58368.4 hm²，是广东面积最大的森林类型的自然保护区，森林覆盖率达98%以上，主要保护对象为中亚热带常绿阔叶林、珍稀濒危野生动植物及珍稀濒危野生动物的栖息地。石坑崆：海拔1902m，是保护区最高峰，也是广东最高峰。广东省科学院动物研究所于2012年开始在广东南岭国家级自然保护区开展生物多样性监测与研究。至今，已经形成了完整的"广东南岭山地生物多样性监测和研究体系"，并基于该体系开展了长期和系统的环境因子、植物群落、鸟类、兽类、两栖爬行类和昆虫等监测和研究。

　　广东南岭20 hm²森林动态监测样地是"南岭山地生物多样性监测和研究体系"中重要的组成部分，也是南岭国家公园（拟设）范围内唯一一个大型森林动态监测样地。样地位于广东南岭国家级自然保护区八宝山片区（113°1′E，24°55′N），由保护区联合广东省科学院动物研究所、广州林芳生态科技有限公司，于2020—2021年建立，并于2021年完成了第一次调查。样地建设标准参考全球森林地球观测站（ForestGEO；https://forestgeo.si.edu/），按正北设置。东西向500 m，南北向400 m（投影距离）。样地地形复杂，总体呈现"V"形，坡度较大。样地海拔范围在1008~1254 m，海拔跨度246 m。

　　本书详细介绍了广东南岭20 hm²森林动态监测样地开展的监测和研究，包括地形、土壤理化性质、植物群落结构、凋落物、幼苗、植物地上和地下部分性状等；对样地内的树种、识别特征、径级结构和分布等进行了详尽的描述，并附有精美的插图，是研究中亚热带森林群落不可多得的参考书，为今后开展南岭生物多样性的研究提供了重要的基础信息，以期吸引更多的有识之士加入南岭生物多样性保护的行列。

大型森林动态监测样地的建设和维护是一项系统而艰巨的工程，样地在选址、建设、调查、数据整理和后期维护过程中得到了中山大学、华南农业大学、中国科学院华南植物园、南岭保护区、广东省科学院动物研究所、厦门大学和广州林芳生态科技有限公司的众多专家学者和工作人员的支持和帮助，在本书即将付梓之际对各位的贡献表达诚挚的谢意。由于时间仓促，编者水平有限，疏漏之处请各位读者不吝赐教。

编 者

2024 年 2 月

Foreword

The Nanling Mountains consist of five major peaks: Yuecheng Ling, Dupang Ling, Mengzhu Ling, Qitian Ling, and Dayu Ling, hence they are also known as the "Five Mountains", located at the junction of Guangdong, Guangxi, Hunan, and Jiangxi provinces. It is the largest transverse mountain range in southern China and serves as the watershed between the Yangtze River and Pearl River basins. The Nanling Mountains preserve typical subtropical evergreen broad-leaved forests and various vegetation types such as valley rainforests, mixed needle broad-leaved forests, coniferous forests, and mountain-top dwarf forests. In terms of biological evolution, the Nanling Mountains have played a significant role, serving as a refuge for ancient tropical fauna and flora, a region of origin for modern temperate and subtropical East Asian plants, and one of the 14 biodiversity hotspots in China, making it an essential area for biodiversity monitoring and research.

The Guangdong Nanling National Nature Reserve covers a total area of 58,368.4 hm^2, making it the largest forest-type nature reserve in Guangdong province with a forest coverage of over 98%. Its primary focus is on the conservation of the subtropical evergreen broad-leaved forests, as well as the habitats of rare and endangered wild flora and fauna. The highest peak in the reserve is Shikengkong, with an elevation of 1902 m, also the highest peak in Guangdong. Since 2012, the Institute of Zoology, Guangdong Academy of Sciences has conducted biodiversity monitoring and research in the Guangdong Nanling National Nature Reserve, establishing a comprehensive "Guangdong Nanling Biodiversity Monitoring and Research System" that encompasses long-term and systematic monitoring and research on environmental factors, plant communities, birds, mammals, amphibians, reptiles, and insects.

The 20 hm² forest dynamics plot in the Guangdong Nanling Mountains is an essential component of the "Nanling Biodiversity Monitoring and Research System", and it is the only large forest dynamics plot in the Nanling National Park (proposed). The plot is located in the Babaoshan area of the Guangdong Nanling National Nature Reserve at coordinates 113°1' E, 24°55' N. The plot was established between 2020 and 2021 through collaboration between the nature reserve, the Institute of Zoology, Guangdong Academy of Sciences, and the Guangzhou Linfang Ecological Technology Co., Ltd. The plot was designed and established in accordance with ForestGEO standards (https://forestgeo. si.edu/), set according to true north, east-west 500 m, and south-north 400 m (projected distance). The terrain of the plot is complex, primarily forming a "V" shape with steep slopes, ranging in elevation from 1008 to 1254 m.

This book provides a detailed account of the monitoring and research conducted within the 20 hm² forest dynamics plot, encompassing terrain, soil physical and chemical properties, plant community structure, litterfall, seedlings, and above- and below-ground plant traits. It also includes comprehensive descriptions of tree species, identifying features, size-class structure, distribution, accompanied by exquisite illustrations, serving as an invaluable reference for the study of mid-subtropical forest communities and providing crucial foundational information for future research on biodiversity at Nanling Mountains, with the hope of attracting more experts to join in the protection of biodiversity of Nanling Mountains.

The establishment and maintenance of a large-scale forest dynamics plot is a systematic and formidable undertaking. The site selection, construction, surveying, data organization, and subsequent maintenance of the plot, has received support and assistance from numerous experts and staff from the Sun Yat-sen University, South China Agricultural University, South China Botanical Garden, Chinese Academy of Sciences, Nanling Nature Reserve, Institute of Zoology, Guangdong Academy of Sciences, Xiamen University, and Guangzhou Linfang Ecological Technology Co., Ltd. The contributors express their sincere gratitude to all involved. Due to time constraints and the limited expertise of the authors, any omissions or shortcomings in this book are kindly welcomed for correction and improvement from our readers.

Editor

February 2024

目 录

目 录

广东南岭亚热带森林——树种及其分布格局

Guangdong Nanling Subtropical Forest Dynamics Plot: Tree
Species and Their Distribution Patterns

广东南岭国家级自然保护区
基本情况介绍

Introduction to the Guangdong Nanling National Nature Reserve

1.1 地理位置

广东南岭国家级自然保护区，成立于 1994 年。地处广东省北部，南岭山脉中段南麓。地理坐标为 112°30′ ~ 113°04′ E，24°37′ ~ 24°57′ N。保护区南北宽约 38km，东西长约 43km。保护区范围坐落在广东省韶关市的乳源县、乐昌市、清远市的阳山县和连州市行政境界内，总面积 58368.4hm²，其中核心区 23598.8hm²，缓冲区 14978.5hm²，实验区 19791.1hm²，是广东省面积最大的国家级自然保护区。保护区东向与乳源县大桥镇接壤，南向与乳源县洛阳镇、东坪镇交界，西向连接连州潭岭水库，北向以省界为界，与湖南莽山国家级自然保护区毗邻。

1.1 Location

The Nanling National Nature Reserve was established in 1994, and is located in the northern part of Guangdong province at the southern foothill of the middle part of Nanling mountains. Its geographic coordinates are 112°30′ - 13°04′ E and 24°37′ - 24°57′ N. The Nature Reserve is approximately 38 kilometers wide from north to south and 43 kilometers long from east to west. It covers the administrative boundaries of Ruyuan county, Lechang city, Yangshan county, and Lianzhou city of Guangdong province. The total area of the Nature Reserve is 58,368.4 hectares, with a core zone of 23,598.8 hectares, a buffer zone of 14,978.5 hectares, and an experimental zone of 19,791.1 hectares. It is the largest national nature reserve in Guangdong province. The reserve borders Daqiao township in Ruyuan county to the east, Luoyang and Dongping towns in Ruyuan county to the south, Tanling reservoir in Lianzhou city to the west, and the Mangshan National Nature Reserve in Hunan province to the north, which is separated by the provincial border.

1.2 自然条件

1.2.1 地形地貌

南岭自然保护区位居南岭山脉中段，所处大地构造单元位于华南准地台湘桂粤海西印支凹陷区，韶关凹褶断束内。北向东构造形迹构成本区构造的骨架，东西向构造横贯全区，南北向构造醒目。区内地质构造复杂，在漫长的地质时期历经加里东运动、印支运动、燕山运动、喜山运动等，并具有多阶段活动的特点。由于历次运动结果，形成了纬向构造、经向构造、粤北山字形构造及新华夏系等构造体系，它们互相穿插、彼此干扰，联合与复合现象相当普遍。保护区内地层发育由老至新依次由上古生界泥盆系、石炭系，新生界第三系、第四系和燕山期侵入岩组成。

保护区总体上属于中低山山地地貌，其中中山山地地貌呈"T"字形分布在保护区北部和由北向南延伸的中南部区域，1000m 以上山峰 30 多座；低山山地地貌分布在保护区中部偏东偏南偏西区域。地势呈现出北高南低、山地河谷交替分布的地势特征。保护区境内山岭连绵，重峦叠嶂，山高谷深，地势峻峭。保护区最高峰石坑崆为广东省第一高峰，海拔 1902.3m；最低点为龙溪口，海拔 202.1m；相对高差 1700m。

1.2 Natural Conditions

1.2.1 Topography

The Nanling National Nature Reserve is located in the middle section of the Nanling Mountains, within the tectonic unit of the South China quasi-platform, in the Xiang-Gui-Yue-Hercynian Indochina depression zone, and in the

Shaoguan trough and fold belt. The north-to-east trending structural features form the skeleton of the area's structure, while the east-west and north-south trending structures are prominent. The area has complex geological structures, which have undergone multiple stages of activity during the long geological period, including the Caledonian, Indosinian, Yanshanian, and Xishan orogenies. As a result of these tectonic movements, various structural systems, such as the latitudinal and longitudinal structures, the north Guangdong mountain-horsetail-shaped structure, and the neocathaysian structure, have been formed, with mutual interpenetration and interference, and the phenomenon of joint and composite is quite common. The strata within the reserve are composed of Paleozoic mudstone and coal measures, Mesozoic third and fourth strata, and Yanshanian intrusive rocks in ascending order from the oldest to newest.

The Nature Reserve is dominated by middle and low mountainous terrains. The middle mountainous terrain is distributed in a T-shape, covering the northern part of the reserve and the central-southern area extending from north to south. There are more than 30 peaks over 1,000 m. The low mountainous terrain is located in the eastern, southern, and western areas of the central part of the reserve. The topography shows the features of high in the north and low in the south, as well as alternating distribution of mountainous and valley areas. The highest peak is Shikengkong, which is the highest peak in Guangdong province, with an altitude of 1,902.3 m. The lowest point is Longxikou with an altitude of 202.1 m. The relative height difference is about 1,700 m.

1.2.2 气候

南岭自然保护区地处北回归线以北，南岭山脉南麓，气候属中亚热带季风气候区。南岭全年盛行南北气流，春秋季风中偏南风与偏北风互为交替，夏季偏南风为主，冬季偏北风为主，冷暖交替明显，形成光热充足、雨量丰富、湿度大的特点。该区气候的基本特征表现为：海洋与大陆交汇气候特征、季风气候特征、山地气候特征。南岭自然保护区处在我国冬季有降雪的最南端。南岭自然保护区多年平均气温 17.7℃，极端最低气温 -4.2℃，极端最高气温 34.4℃；气温随海拔高度增加而降低，递减率为 0.67℃ /100m。多年平均降水量为 1705mm，降水多集中 3 ~ 10 月，占全年降水量的 82% 左右；由于山地抬升作用，中山云雾多，降水随海拔高度增加而增多，递增率为 63mm/100m。多年平均相对湿度 84%。年平均无霜期 276 天，平均霜期 89 天。历年平均日照时数为 1234 小时，年平均日照百分率为 40%。

1.2.2 Climate

The Nanling National Nature Reserve is located north of the Tropic of Cancer, at the southern foot of the Nanling Mountains, in the mid-subtropical monsoon climate zone. North and south airflows prevail throughout the year, with a shift from southerly to northerly winds in the spring and autumn monsoons, southerly winds dominating in the summer and northerly winds in the winter. There are marked variations in temperature between the seasons, resulting in sufficient heat, abundant rainfall, and high humidity. The basic characteristics of the climate in this area include the intersection of marine and continental climates, monsoon climates, and mountain climates. The nature reserve is located at the southernmost point in China where snowfall occurs in the winter. The nature reserve has an average annual temperature of 17.7°C, an extreme minimum temperature of -4.2°C, and an extreme maximum temperature of 34.4°C. The temperature drops as the altitude increases, at a rate of 0.67°C/100 m. The average annual precipitation is 1,705 mm, with most of the rain falling between March and October, accounting for about 82% of the total annual rainfall. Due to the uplift of the mountains, there are more clouds and fog, resulting in increased precipitation with increasing altitude, at a rate of 63 mm/100 m. The average relative humidity is 84%, while the average frost-free period is 276 days, and the average frost period is 89 days. The average annual sunshine hours are 1,234 h, and the average annual sunshine percentage is 40%.

1.2.3 土壤

南岭自然保护区成土母岩主要是花岗岩、砂页岩、变质岩等。在高温多雨、植被覆盖良好的成土环境条件下，土壤的淋溶作用强烈，碱金属及碱土金属淋失现象严重，土壤普遍呈酸性反应，盐基饱和度普遍较低，山地土壤腐殖质层深厚、有机质含量较丰富，肥力水平较高，适宜林木生长。保护区地带性土壤为红壤，从山麓至山顶，依次垂直分布着红壤（海拔 500m 以下）、山地黄红壤（海拔 500~800m）、山地黄壤（海拔 800~1700m）、山地灌丛草甸土（海拔 1700m 以上）。

1.2.3 Soil

The main parent rocks for soil formation in the Nanling National Nature Reserve are granite, sandstone, and metamorphic rocks. Under favorable soil formation conditions of high temperature, abundant rainfall, and good vegetation coverage, the leaching of alkali and alkaline earth metals in the soil is severe, resulting in generally acidic soil reactions and low salt base saturation. Mountain soils have deep humus layers, rich organic matter content, high fertility, and are suitable for tree growth. The zonal soil in the reserve is red soil, which vertically distributes from the foot of the mountain to the mountaintop as follows: Red soil (below 500 m), mountain yellow-red soil (500-800 m), yellow soil (800-1,700 m), and mountain shrub meadow soil (above 1,700 m).

1.3 植被类型

南岭自然保护区处于亚热带常绿阔叶林区域、东部（湿润）亚区，中亚热带常绿阔叶林地带、南部亚地带。主要包含 9 个植被类型：亚热带常绿阔叶林、亚热带常绿与落叶阔叶混交林、亚热带常绿针叶林、亚热带常绿针阔叶混交林、亚热带竹林、亚热带灌丛、亚热带草甸、沼泽、水生植被。其中亚热带常绿阔叶林是最主要的植被类型，具有典型的中亚热带常绿阔叶林的结构特征。

1.3 Vegetation Type

The Nanling National Nature Reserve is located in the subtropical evergreen broad-leaved forest region, in the eastern (humid) subregion, the mid-subtropical evergreen broad-leaved forest zone, the southern subzone. It mainly includes nine vegetation types: Subtropical evergreen broad-leaved forest, subtropical mixed evergreen and deciduous broad-leaved forest, subtropical evergreen coniferous forest, subtropical mixed evergreen coniferous and broad-leaved forest, subtropical bamboo forest, subtropical shrubbery, subtropical grassland, swamp, and aquatic vegetation. Among them, subtropical evergreen broad-leaved forest is the most dominant vegetation type, with typical structural characteristics of central subtropical evergreen broad-leaved forest.

1.4 野生植物资源

南岭自然保护区内保存有野生高等植物 287 科 1262 属 3890 种，其中苔藓植物 60 科 153 属 351 种，野生维管植物 227 科 1109 属 3539 种。野生维管植物包含蕨类 46 科 112 属 363 种；种子植物 181 科 997 属 3176 种：裸子植物 7 科 11 属 19 种，被子植物 174 科 986 属 3157 种（其中双子叶植物 147 科 764 属 2605 种，单子叶植物 27 科 222 属 552 种）。属于国家重点保护野生植物的共 34 科 68 种，其中国家一级保护野生植物 2 科 2 种，国家二级保护野生植物 32 科 66 种。

1.4 Wild Plant Resources

There are 3,890 species of wild higher plants belonging to 1,262 genera and 287 families in the Nanling National Nature Reserve. Among them, there are 351 species of ferns in 153 genera and 60 families; 3,539 species of seed plants in 1,109 genera and 227 families, including 19 species of gymnosperms in 11 genera and 7 families, and 3,157 species of angiosperms in 986 genera and 174 families (including 2,605 species of dicotyledons in 764 genera and 147 families; and 552 species of monocotyledons in 222 genera and 27 families). There are 68 species of wild plants under state key protection, belonging to 34 families and 2 species of first-class protected plants, 66 species of second-class protected plants.

1.5 野生动物资源

南岭自然保护区有野生脊椎动物 636 种，隶属 35 目 120 科。其中，兽类有 9 目 25 科 98 种，鸟类有 18 目 56 科 326 种，爬行类有 2 目 17 科 100 种，两栖类有 2 目 8 科 47 种，硬骨鱼类有 4 目 14 科 65 种。已鉴定记录昆虫 3195 种，其中蝶类 529 种，蛾类 2082 种，鞘翅目昆虫 584 种。区内陆栖脊椎动物有中国特有种 44 种和中国主产种 144 种。属于国家重点保护野生动物的共 77 种，其中国家一级保护野生动物 17 种。

1.5 Wild Animal Resources

There are 636 species of wild vertebrate animals belonging to 120 families and 35 orders in the Nanling National Nature Reserve. Among them, there are 98 species of mammals in 25 families and 9 orders; 326 species of birds in 56 families and 18 orders; 100 species of reptiles in 17 families and 2 orders; 47 species of amphibians in 8 families and 2 orders; and 65 species of bony fishes in 14 families and 4 orders. There are 3,195 species of identified insects, including 529 species of butterflies, 2,082 species of moths, and 584 species in Coleoptera. There are 144 species of Chinese endemic and 44 species of Chinese main indigenous terrestrial vertebrates respectively in the area. There are 77 species of wild animals under state key protection, including 17 species of first-class protected animals.

广东南岭亚热带森林——树种及其分布格局

Guangdong Nanling Subtropical Forest Dynamics Plot: Tree
Species and Their Distribution Patterns

2

南岭 20hm^2 森林动态监测样地

The Nanling 20 hm^2 Forest Dynamics Plot

2.1 南岭森林动态监测样地地形

　　广东南岭 20 hm² 森林动态监测样地位于广东南岭国家级自然保护区八宝山片区（113°1′E，24°55′N），由保护区联合广东省科学院动物研究所、广州林芳生态科技有限公司，于 2020—2021 年建立，并于 2021 年完成了第一次调查。样地按正北设置，投影东西向 500 m，南北向 400 m。参考中国森林生物多样性监测网络（CForBio）和全球森林生物多样性监测网络（CTFS-ForestGEO）森林样地建设及监测技术，将样地划分为 500 个投影面积为 20 m × 20 m 的基本样方单元，每个样方单元的四角采用石桩标记并编号。每个基本样方单元内再划分为 16 个 5 m × 5 m 的最小样方单元，四角采用 PVC 标记。所有样方单元采用尼龙绳进行分割。样地内所有胸径 ≥ 1 cm 的木本植物挂牌及鉴定物种，并测量胸径和坐标。样地地形复杂，总体呈现"V"形（图 2-1），中部为沟谷，海拔较低；东西两侧为山坡和山脊，海拔逐渐升高，坡度较大。样地海拔范围在 1008~1254 m（图 2-2），海拔跨度 246 m。

图 2-1　航拍南岭森林动态监测样地外貌图
Figure 2-1　Aerial view of the appearance of the Nanling Forest Dynamics Plot

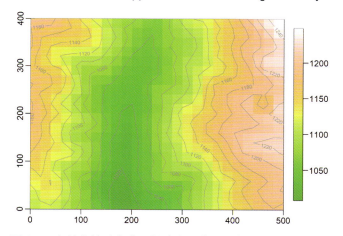

图 2-2　南岭森林动态监测样地海拔空间分布（20 m×20 m）
Figure 2-2　Spatial distribution (20 m x 20 m) of elevation of the Nanling Forest Dynamics Plot

2.1 Topography of the Nanling Forest Dynamics Plot

　　The 20-hectare Nanling Forest Dynamics Plot (NLFDP) is located in the Babao Mountain of the Nanling National Nature Reserve in Guangdong (113°1′E, 24°55′N). It was established by the nature reserve, the Institute of

Zoology, Guangdong Academy of Sciences, and the Guangzhou Linfang Ecological Technology Co., Ltd. in 2020-2021 and completed its first survey in 2021. The plot is oriented to true north and projected 500 m east-west and 400 m north-south. Using the forest plot construction and monitoring technology of CForBio and CTFS-ForestGEO, the plot was divided into 500 basic quadrat units with a projected area of 20 m × 20 m, each marked and numbered with stone piles at the corners. Each basic quadrat unit was further divided into 16 minimum quadrat units of 5 m × 5 m, marked with PVC markers at the corners and separated by nylon ropes. All woody plants with a diameter at breast height ≥ 1 cm within the plot were identified and recorded, and their diameter and coordinates were measured. The topography of the plot is complex, forming a "V" shape overall (Figure 2-1), with a valley in the middle at a lower elevation and slopes and ridges on both sides at higher elevations and steeper slopes. The elevation range of the plot is between 1,008 m and 1,254 m, with an altitude span of 246 m (Figure 2-2).

2.2 南岭森林动态监测样地土壤理化性质

为充分考虑土壤环境的空间异质性，采用固定点加随机点的方法确定土壤采样点。把样地划分成 238 个 30 m × 30 m 的网格，网格顶点为固定点，并在每个固定点的东、东南、南、西南、西、西北、北和东北八个方向上随机选取一个方向，并在沿该方向 2 m、4 m 和 12 m 处随机取两个点作为随机点（图 2-3），超出样地范围的取样点则不采样。该设计总计获得 700 个土壤采样点，获取每个采样点 0~15 cm 的表层土壤，测定以下理化性质：含水量、pH 值、有机质、全钾、速效钾、全磷、有效磷、全氮、硝态氮和铵态氮含量，土壤理化性质概况详见表 2-1。

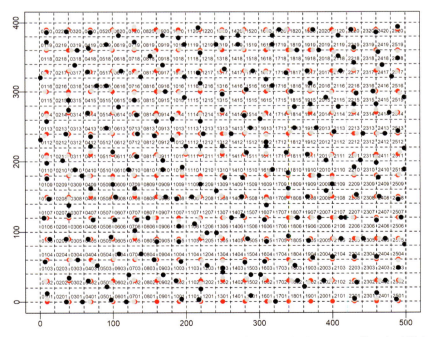

图 2-3　南岭森林动态监测样地土壤采样点分布图。红色为 30 m 网格固定采样点，
灰色和黑色随机方向的 2 m、4 m 或 12 m 随机采样点
Figure 2-3　Distribution of soil sampling points in Nanling Forest Dynamics Plot. The red ponits represent fixed sampling points located at the vertices of 30 m × 30 m grids, while the gray and black points represent randomly selected sampling points at 2 m, 4 m, or 12 m distances along random directions

表 2-1　南岭森林动态监测样地土壤变量均值及范围
Table 2-1　Mean and range of soil variables in the Nanling Forest Dynamics Plot

理化性质 Soil properties	均值 Average	最小值 Minimum	最大值 Maximum
绝对含水量 Water content (%)	32.846	11.398	69.024
pH	4.278	3.620	5.450
有机质 Organic matter content (g/kg)	116.563	34.037	323.398
全钾 Total potassium content (g/kg)	39.372	15.445	52.432
速效钾 Available potassium content (mg/kg)	31.817	12.725	75.450
全磷 Total phosphorus content (g/kg)	0.130	0.022	0.358
有效磷 Available phosphorus content mg/kg)	1.037	0.195	8.324
全氮 Total nitrogen content (g/kg)	3.860	1.468	7.800
硝态氮 Nitrate nitrogen content (mg/kg)	20.676	1.365	49.670
氨态氮 Ammonium nitrogen content (mg/kg)	0.886	0.002	5.998

土壤养分含量的结果显示南岭亚热带森林植物的生长和繁殖仍然面临着关键土壤养分的不足，尤其是氮、磷、钾含量（表 2-1），与大部分的亚热带森林类似，这些关键土壤养分的含量均较低，这些养分仍然是影响森林群落动态和生态系统功能的关键因素。从主成分分析的结果来看，样地区域内的土壤养分具有明显空间分布特征：有机质含量、水分、总氮、铵态氮、速效钾和总磷是正相关的关系，主要与主成分分析的第一轴关联；而第二轴则主要与总钾、硝态氮和有效磷关联（图 2-4）。由此可见，样地内不同区域面临着不同类型养分不足的现象，即不同的养分因子影响森林中不同生境的群落动态和生态系统功能。从土壤养分的空间分布来看，土壤养分的分布极不均匀（图 2-5），表现出明显的斑块化，如与铵态氮相比，硝态氮的含量普遍较低。铵态氮较高的区域主要集中在样地中部东西走向；而总氮含量的分布则差异较大，中心区域的含量反而较低。总磷的空间分布异质性也较高，但未表现出明显的生境关联；速效磷只在样地中心位置较高，其他区域都很低，表现出较强的限制性。虽然总钾在样地内的分布普遍较高，但速效钾的分布则相反，大部分区域的含量都较低。

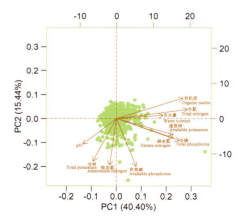

图 2-4 南岭森林动态监测样地
土壤理化性质变量主成分分析
Figure 2-4 Principal component analysis
of soil properties in the Nanling Forest
Dynamics Plot

2.2 Soil Physical and Chemical Properties of the Nanling Forest Dynamics Plot

In order to consider the spatial heterogeneity of soil environment, a fixed-point plus random-point method was used to determine soil sampling points. The plot was divided into 238 grids of 30 m × 30 m, with the grid vertices as fixed points. In each direction of east, southeast, south, southwest, west, northwest, north, and northeast from

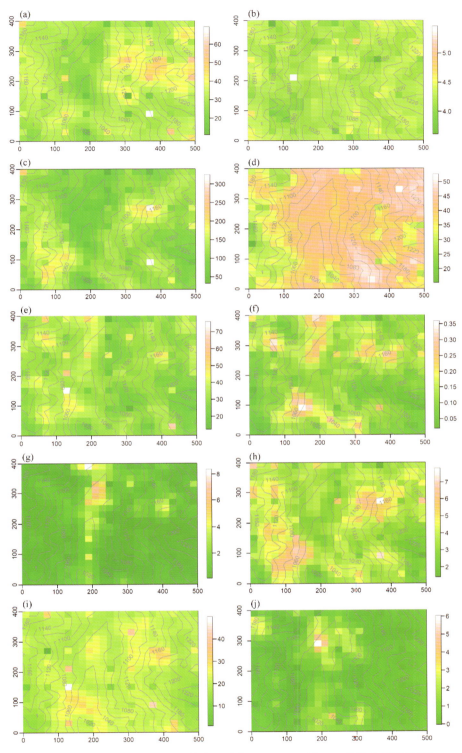

图 2-5 南岭森林动态监测样地土壤理化性质的空间分布（20 m × 20 m，普通克里格插值）。a 到 j 依次为
绝对含水量、pH、有机质、全钾、速效钾、全磷、有效磷、全氮、硝态氮、氨态氮

Figure 2-5 Spatial distribution of soil properties in the Nanling Forest Dynamics Plot (20 m × 20 m, using ordinary kriging interpolation). The variables shown from a to j are water content (%), pH, organic matter, total potassium, available potassium, total phosphorus, available phosphorus, total nitrogen, nitrate nitrogen, and ammonium nitrogen, respectively each fixed point, one direction was randomly selected, and two points were randomly taken at 2 m, 4 m, and 12 m along that direction as random points (Figure 2-3). Sampling points outside the plot were not collected. A total of 700 soil samples were obtained using this design, with surface soil (0-15 cm) collected from each sampling point and the following physical and chemical properties were measured: water content, pH, organic matter, total potassium, available potassium, total phosphorus, available phosphorus, total nitrogen, nitrate nitrogen, and ammonium nitrogen content. An overview of the soil physical and chemical properties is shown in Table 2-1.

The results of soil nutrient content showed that the growth and reproduction of subtropical forest trees in Nanling still face critical deficiencies in key soil nutrients, especially nitrogen, phosphorus, and potassium (Table 2-1). Similar to most subtropical forests, the content of these key soil nutrients is low, and these nutrients remain critical factors affecting forest community dynamics and ecosystem functions. From the results of principal component analysis, the soil nutrients in the plot have obvious spatial distribution characteristics: organic matter content, water content, total nitrogen, ammonium nitrogen, available potassium, and total phosphorus are positively correlated and mainly associated with the first axis of principal component analysis, while the second axis is mainly associated with total potassium, nitrate nitrogen, and available phosphorus (Figure 2-4). Therefore, different habitats in the plot face a phenomenon of insufficient nutrients of different types, which affect the community dynamics and ecosystem functions of different habitats in the forest. From the perspective of the spatial distribution of soil nutrients, the distribution of soil nutrients is extremely uneven (Figure 2-5), showing obvious patchiness: for example, compared with ammonium nitrogen, the content of nitrate nitrogen is generally lower. The areas with higher ammonium nitrogen are mainly concentrated in the east-west direction in the middle of the plot, while the distribution of total nitrogen is highly variable, with lower content in the central area. The spatial heterogeneity of total phosphorus distribution is also high, but it does not show significant habitat association. Available phosphorus is only high in the center of the plot, and is very low in other areas, indicating strong limitation. Although the distribution of total potassium in the plot is generally high, the distribution of available potassium is the opposite, with low content in most areas.

2.3 南岭森林动态监测样地植物群落结构

2.3.1 物种及个体组成

样地的物种多样性较高，第一次调查结果显示样地内胸径 ≥ 1 cm 的木本植物共有 228 种 132899 个个体，包括分枝个体总数达 187406，隶属于 63 科 127 属。个体密度为 6644.95 棵 /hm²，包含分支的个体密度达 9370.30 棵 /hm²。

多度最高的物种为五列木（*Pentaphylax euryoides*，13495 株）（表 2-2）；最大的个体为甜槠（*Castanopsis eyrei*），胸径达 125.2 cm。

多度大于 1000 的物种有 32 种，这 32 个物种占据了总个体数的 70.92%；多度大于 500 的物种有 59 种，占据了总个体数的 85.69%。稀有种（个体密度 ≤ 1/hm²）的数量较多，有 60 种，占总物种数的 26.32%，但稀有种总个体数仅为 434，仅占总个体数的 0.33%。

表 2-2　南岭森林动态监测样地多度前十的物种
Table 2-2　List of the top ten species by abundance in the Nanling Forest Dynamics Plot

物种 Species	科 Family	多度 Abundance	最大胸径 Maximum DBH（cm）	总胸高断面积 Total basal area（m²）
五列木 *Pentaphylax euryoides*	五列木科 Pentaphylacaceae	13495	37.5	49.39
马银花 *Rhododendron ovatum*	杜鹃花科 Ericaceae	8824	24.7	17.43
红楠 *Machilus thunbergii*	樟科 Lauraceae	7146	47.8	38.10
甜槠 *Castanopsis eyrei*	壳斗科 Fagaceae	6763	125.2	110.24
细枝柃 *Eurya loquaiana*	五列木科 Pentaphylacaceae	5052	23.1	3.11
木荷 *Schima superba*	山茶科 Theaceae	4895	63.2	79.11
毛棉杜鹃 *Rhododendron moulmainense*	杜鹃花科 Ericaceae	3683	30.1	11.45
黄丹木姜子 *Litsea elongata*	樟科 Lauraceae	3550	33.4	11.94
罗浮锥 *Castanopsis fabri*	壳斗科 Fagaceae	3064	63.8	22.43
硬壳柯 *Lithocarpus hancei*	壳斗科 Fagaceae	2972	43.6	17.40

2.3　Plant Community Structure of Nanling Forest Dynamics Plot

2.3.1　Species and individual composition

The species diversity in the plot is high. The first survey showed that there was a total of 228 woody plant species with a diameter at breast height (DBH) of $\geqslant 1$ cm, comprising 132,899 individuals (187,406 branching individuals) belonging to 127 genera in 63 families. The density of individuals was 6,644.95 trees/hm², while the density of branching individuals reached 9,370.30 trees/hm².

The most abundant species was *Pentaphylax euryoides* (13,495 individuals) (Table 2-2), and the largest individual was *Castanopsis eyrei*, with a DBH of 125.2 cm. There were 32 species with an abundance greater than 1,000, accounting for 70.92% of the total number of individuals, and 59 species with an abundance greater than 500, accounting for 85.69% of the total number of individuals. There were many rare species (individual density $\leqslant 1$/hm²), with 60 species accounting for 26.32% of the total species, but the total number of individuals of these rare species was only 434, accounting for 0.33% of the total number of individuals.

2.3.2 物种重要值

物种的重要值（importance value，IV）是物种优势程度的重要指标，IV=（相对密度＋相对频度＋相对胸高断面积）/3。

重要值最高的物种是甜槠（IV=20.85）。此外，五列木、木荷（*Schima superba*）、马银花（*Rhododendron ovatum*）、红楠（*Machilus thunbergii*）、赤杨叶（*Alniphyllum fortunei*）等物种的重要值均较高（表2-3），为样地内优势的物种。物种之间的重要值具有非常大的差异（图2-6），比如，IV大于5的物种仅有13个，而IV小于1的物种达到了153个。IV大于5的13个物种占据了48.80%总个体数及54.13%的总胸高断面积；而IV小于1的153个物种仅占总个体数的9.94%及总胸高断面积的7.25%。

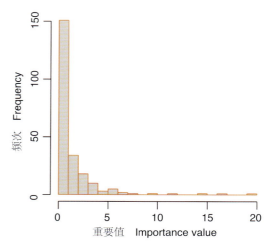

图2-6　南岭森林动态监测样地物种重要值分布
Figure 2-6　Distribution of importance values of species in the Nanling Forest Dynamics Plot

表2-3　南岭森林动态监测样地重要值前十的物种
Table 2-3　List of the top ten species by importance value in the Nanling Forest Dynamics Plot

物种 Species	科 Family	重要值 Importance value	重要值排序 Rank
甜槠 *Castanopsis eyrei*	壳斗科 Fagaceae	20.85	1
五列木 *Pentaphylax euryoides*	五列木科 Pentaphylacaceae	17.47	2
木荷 *Schima superba*	山茶科 Theaceae	14.67	3
马银花 *Rhododendron ovatum*	杜鹃花科 Ericaceae	12.67	4
红楠 *Machilus thunbergii*	樟科 Lauraceae	11.09	5
赤杨叶 *Alniphyllum fortunei*	安息香科 Styracaceae	6.71	6
罗浮锥 *Castanopsis fabri*	壳斗科 Fagaceae	6.52	7
木莲 *Manglietia fordiana*	木兰科 Magnoliaceae	6.46	8
硬壳柯 *Lithocarpus hancei*	壳斗科 Fagaceae	6.45	9
毛棉杜鹃 *Rhododendron moulmainense*	杜鹃花科 Ericaceae	6.09	10

2.3.2 Importance value of species

Importance value (IV) is an important index that reflects the dominance level of a species, calculated as IV = (relative density + relative frequency + relative basal area)/3.

The species with the highest importance value was *Castanopsis eyrei* (IV = 20.85). Additionally, *Pentaphylax euryoides*, *Schima superba*, *Rhododendron ovatum*, *Machilus thunbergii*, and *Alniphyllum fortunei* had relatively high importance values (Table 2-3), indicating their dominance in the plot. There were significant differences in IV among different species (Figure 2-6). For example, there were only 13 species with IV greater than 5, while there were 153 species with IV less than 1. These 13 species with IV greater than 5 accounted for 48.80% of the total number of individuals and 54.13% of the total basal area, while the 153 species with IV less than 1 accounted for only 9.94% of the total number of individuals and 7.25% of the total basal area.

2.3.3 科属组成

样地内优势的科包括樟科（Lauraceae，22 种）、五列木科（Pentaphylacaceae，17 种）、山矾科（Symplocaceae，14 种）、壳斗科（Fagaceae，15）、冬青科（Aquifoliaceae，14 种）、蔷薇科（Rosaceae，13 种）和杜鹃花科（Ericaceae，12 种）；物种数较多的属包括山矾属（*Symplocos*，13 种）、冬青属（*Ilex*，14 种）、柃木属（*Eurya*，9 种）、杜鹃花属（*Rhododendron*，7 种）、新木姜子属（*Neolitsea*，5 种）、青冈属（*Cyclobalanopsis*，5 种）、润楠属（*Machilus*，5 种）、锥属（*Castanopsis*，5 种）。其中，24 个科仅有 1 个物种，而仅有 1 个物种的属更是达到了 89 个（图 2-7）。

2.3.3 Composition of families and genera

The dominant families in the plot include Lauraceae (22 species), Pentaphylacaceae (17 species), Symplocaceae (14 species), Fagaceae (15 species), Aquifoliaceae (14 species), Rosaceae (13 species), and Ericaceae (12 species). The genera with a relatively large number of species include *Symplocos* (13 species), *Ilex* (14 species), *Eurya* (9 species), *Rhododendron* (7 species), *Neolitsea* (6 species), *Cyclobalanopsis* (5 species), *Machilus* (5 species), and *Castanopsis* (5 species). Among them, there were 24 families with only one species, while there were 89 genera with only one species (Figure 2-7).

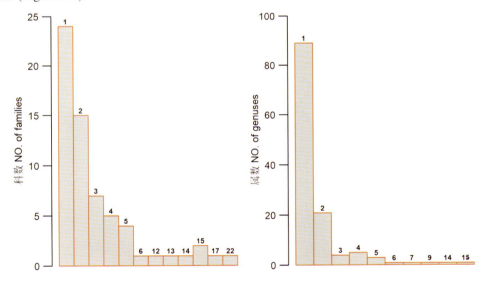

图 2-7 南岭森林动态监测样地科属的物种数量
Figure 2-7 Number of species in families and genera in the Nanling Forest Dynamics Plot

2.3.4 径级结构

径级结构是植物群落稳定性和未来发展趋势的重要指标。样地中所有个体的径级分布明显呈现倒 "J" 形（图 2-8），表现出群落稳定发展状态。从径级结构可以看出，胸径（DBH）<5 cm 的个体数量最多，有 88213 棵，占总个体数的 66.37%；DBH >20 cm 的个体数为 5403 棵，仅占总个体数的 4.06%。根据对部分优势物种径级结构的分析，大多数优势物种的径级结构均倾向于倒 "J" 形，小径级到大径级的个体数量逐渐减少（图 2-9）；但亦有部分优势物种，比如五列木和马银花，出现小径级个体较少的情况，可能存在向单峰型（中径级个体数量较多）过度的趋势，需结合物种的更新状况评估种群的发展趋势。

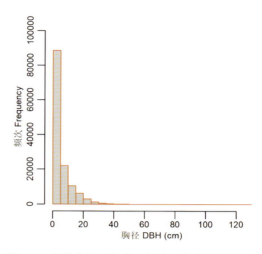

图 2-8　南岭森林动态监测样地所有个体径级分布
Figure 2-8　Size-class distribution of all individuals in the Nanling Forest Dynamics Plot

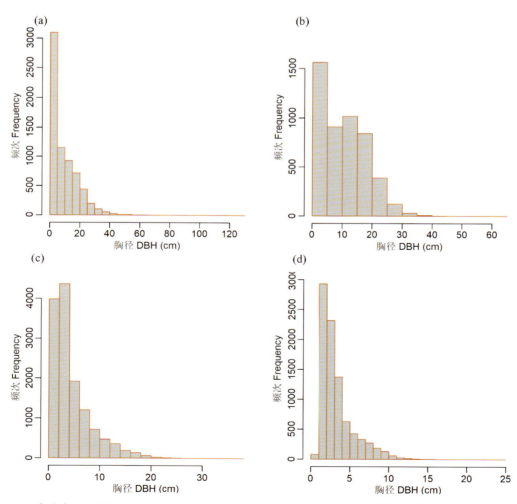

图 2-9　南岭森林动态监测样地部分优势物种的径级结构。a 到 d 依次为甜槠、木荷、五列木和马银花
Figure 2-9　Size-class distribution of four dominant species in the Nanling Forest Dynamics Plot. a-d: *Lindera communis*, *Machilus thunbergii*, *Pentaphylax euryoides*, and *Loropetalum chinense*

2.3.4 Size-class distribution

Size-class distribution is an important indicator of the stability and future development trend of plant communities. The size-class distribution of all individuals in the plot showed a clear inverse "J" shape (Figure 2-8), indicating a stable and developing community state. From the size-class distribution, it can be observed that individuals with DBH < 5 cm were the most abundant, accounting for 66.37% of the total number of individuals, while those with DBH > 20 cm were only 4.06%. Based on analysis of the size-class distribution of some dominant species, most of them tended to have an inverse "J" shape, with a gradual decrease in the number of individuals from small to large size classes (Figure 2-9). However, there were also some dominant species, such as *Pentaphylax euryoides* and *Loropetalum chinense*, which had fewer individuals in the small size classes, suggesting a trend toward a unimodal shape (with more individuals in the middle size class), but this needs to be evaluated in conjunction with the population renewal status of the species.

2.3.5 物种多样性及个体的空间分布格局

物种多样性的空间分布显示，样地的中心位置（沟谷的东侧）及南北侧的部分区域物种丰富度较低（图 2-10），在其他区域则无明显的空间分布格局；香农－威纳指数（Shannon-Weiner index）在 20m×20m 样方中的空间分布无明显差异，表现出较强的均匀性。个体数量的空间分布格局表现出较强的生境关联，靠近沟谷的样地中心位置个体数明显减少，其他区域的个体数量也较为均衡（图 2-11）。因此，从物种多样性的角度说明样地部分区域内的群落结构与生境有一定程度的关联，但大部分区域表现出相对均匀的物种多样性和个体数量分布。

2.3.5 Spatial distribution of species diversity and number of individuals

The spatial distribution of species diversity showed that some areas in the center (east side of the valley) and north-south sides of the plot had lower species richness

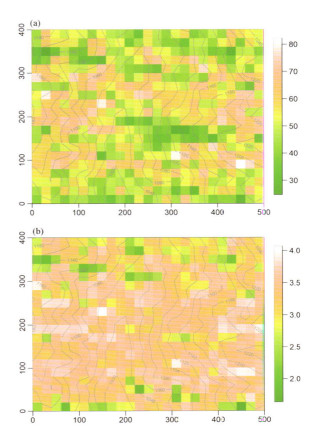

图 2-10　南岭森林动态监测样地物种多样性空间分布（20 m × 20 m）。a 为物种丰富度，b 为香农－威纳指数
Figure 2-10　Spatial distribution of species diversity (20 m × 20 m) in the Nanling Forest Dynamics Plot, where a represents species richness and b represents Shannon-Wiener index

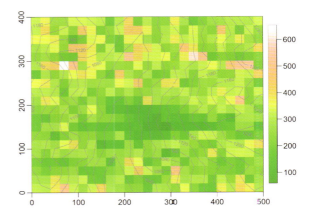

图 2-11　南岭森林动态监测样地个体数空间分布（20 m × 20 m）
Figure 2-11　Spatial distribution of individual numbers (20 m × 20 m) in the Nanling Forest Dynamics Plot

(Figure 2-10), while no apparent spatial distribution pattern was observed in other areas. The spatial distribution of Shannon-Wiener index in 20 m × 20 m quadrats showed strong uniformity without significant differences. The spatial distribution pattern of individual numbers showed a strong habitat association, with significantly fewer individuals near the center of the plot close to the valley, while the number of individuals was relatively evenly distributed in other areas (Figure 2-11). Therefore, from the perspective of species diversity, the community structure in some areas of the plot is associated with habitats to some extent, but most areas show relatively even distribution of species diversity and individual numbers.

通过分析部分优势物种个体的空间分布格局可以发现，虽然优势物种因其个体数量较多，在样地的每个区域都几乎有分布，但不同物种的空间分布格局表现出较大的差异性（图 2-12）。比如，甜槠和五列木，虽然个体数量庞大，但表现出较强的聚集分布格局，与生境有较强关联，在沟谷区域分布很少，主要集中在海拔较高的山坡和山脊。而红楠和赤杨叶等物种则表现出较强的均匀分布的格局，在样地的不同生境中个体数量的分布没有明显的差异。

Through analyzing the spatial distribution patterns of some dominant species, we found that although dominant species are distributed in almost every area of the plot due to their large numbers of individuals, there are significant differences in the spatial distribution patterns of different species (Figure 2-12). For example, *Lindera communis* and *Pentaphylax euryoides*, although they have a large number of individuals, show a strong clustered distribution pattern that is strongly associated with habitats and are rarely distributed in the valley area, mainly concentrated on high-altitude slopes and ridges. On the other hand, species such as *Machilus thunbergii* and *Salix chaenomeloides* show a strong even distribution pattern, with no significant differences in the distribution of individual numbers in different habitats in the plot.

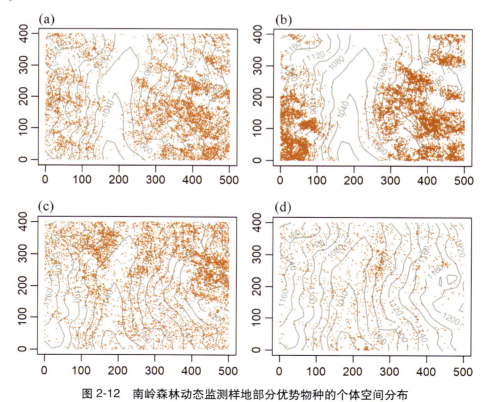

图 2-12　南岭森林动态监测样地部分优势物种的个体空间分布
Figure 2-12　Spatial distribution of individuals of some dominant species in the Nanling Forest Dynamics Plot

2.3.6 珍稀濒危物种

南岭森林动态监测样地共有国家保护野生木本植物 6 种，其中南方红豆杉（*Taxus wallichiana* var. *mairei*）为国家一级保护野生植物，伯乐树（*Bretschneidera sinensis*）、华南五针松（*Pinus kwangtungensis*）、百日青（*Podocarpus neriifolius*）、福建柏（*Fokienia hodginsii*）和穗花杉（*Amentotaxus argotaenia*）为国家二级保护野生植物（表 2-4）。

2.3.6 Rare and endangered species

There are six species of nationally protected woody plants in the Nanling Forest Dynamic Plot, including *Taxus wallichiana* vra. *mairei*, a first-class national key protected plant, *Bretschneidera sinensis*, *Pinus kwangtungensis*, *Podocarpus neriifolius*, *Fokienia hodginsii*, and *Amentotaxus argotaenia*, all second-class national key protected species (Table 2-4).

表 2-4 南岭森林动态监测样地国家重点保护野生植物概况
Table 2-4 Overview of nationally protected plants in the Nanling Forest Dynamics Plot

物种 Species	科 Family	《国家重点保护野生植物名录》（2021 年） 《List of National Key Protected Plants》(2021)	样地内个体数 Number of individuals	胸径范围及均值 Range and avergae of DBH（cm）
南方红豆杉 *Taxus wallichiana*	红豆杉科 Taxaceae	一级（Ⅰ）	216	3.57（1.1~23.5）
伯乐树 *Bretschneidera sinensis*	叠珠树科 Akaniaceae	二级（Ⅱ）	22	7.83（1.3~21.9）
华南五针松 *Pinus kwangtungensis*	松科 Pinaceae	二级（Ⅱ）	402	17.51（1.0~70.1）
百日青 *Podocarpus neriifolius*	罗汉松科 Podocarpaceae	二级（Ⅱ）	368	4.41（1.0~20.1）
福建柏 *Fokienia hodginsii*	柏科 Cupressaceae	二级（Ⅱ）	615	5.23（1.0~51.7）
穗花杉 *Amentotaxus argotaenia*	红豆杉科 Taxaceae	二级（Ⅱ）	8	5.05（1.4~12.2）

2.4 南岭森林动态监测样地凋落物及幼苗监测

凋落物和幼苗监测是了解森林更新过程、生态系统物质和能量循环重要的途径。凋落物监测包括凋落物的生物量、组成、动态变化等；幼苗则监测其生长、死亡、补员及季节动态变化等。根据生境特征，在 20 hm² 样地内设置 150 个凋落物－幼苗监测站点（图 2-13），每个监测站点包含 1 个 0.5 m²（71 cm×71 cm）的凋落物收集器和 4 个 1 m²（1 m×1 m）的幼苗监测样方（图 2-14），共 600 个幼苗样方。凋落物定期收集，并在实验室进行烘干、分类、鉴定和称重；每株幼苗挂牌、鉴定物种、测量基径和高度，并定期重复调查。

2.4 Monitoring of Litter and Seedlings in the Nanling Forest Dynamics Plot

Monitoring of litter and seedlings is an important way to understand forest regeneration processes, as well as the material and energy cycling of the ecosystem. Litter monitoring includes biomass, composition, and dynamic changes of litter; while seedlings are monitored for growth, mortality, recruitment, and seasonal dynamics. Based on habitat characteristics, 150 litter-seedling monitoring sites were established within the 20-hectare plot (Figure 2-13), each including one 0.5 m² (71 cm × 71 cm) seed trap and four 1 m² (1 m × 1 m) seedling monitoring quadrats (Figure 2-14), totaling 600 seedling quadrats. Litter is collected regularly and dried, classified, identified, and weighed in the laboratory. Each seedling is tagged, species identified, diameter and height measured, and regularly re-surveyed.

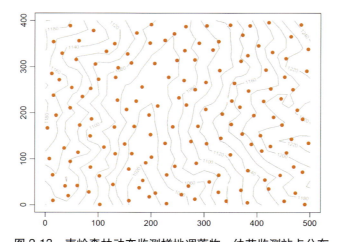

图 2-13　南岭森林动态监测样地凋落物－幼苗监测站点分布
Figure 2-13 Distribution of litter-seedling monitoring sites in the Nanling Forest Dynamics Plot

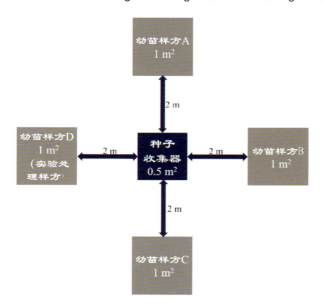

图 2-14　南岭森林动态监测样地凋落物－幼苗监测站点设计
Figure 2-14 Design of litter-seedling monitoring sites in the Nanling Forest Dynamics Plot

2.4.1　凋落物监测

2021 年共收集 150 个凋落物收集器内容物 3 次（1、3、5 月），处理分析共获得 4381 条凋落物数据。凋落物总量为 17127.56g（去除枝条），鉴定到 133 个物种的凋落物，隶属于 42 个科的 76 个属。总体上，收集到的优势物种的凋落物比例较高，比如甜槠、木荷、美叶柯（*Lithocarpus calophyllus*）、木莲（*Manglietia fordiana*）、五列木、红楠、杜英（*Elaeocarpus decipiens*）、大果马蹄荷（*Exbucklandia tonkinensis*）等物种收集的凋落物重量均较高（表 2-5）。从时间序列来看，3 月收集的凋落物总量最大（11236.73 g），占 65.61%，1 月和 5 月均较少（占比 25.98% 及 8.41%）。对凋落物的总量进行空间分析显示，凋落物的分布具有非常明显的生境关联，样地的西北角及东北角位置的凋落物总量要明显高于其他区域（图 2-15），两处均为沟谷向山脊延伸的地形。

2.4.1 Litter Monitoring

In 2021, a total of 150 seed traps were sampled three times (in January, March, and May) in the Nanling Forest Dynamics Plot. After processing and analysis, a total of 4,381 pieces of litter data were obtained. The total litter biomass was 17,127.56g (excluding twigs), and litter from 133 species belonging to 76 genera in 42 families was identified. Overall, dominant species had a higher proportion of litter, such as *Castanopsis chinensis*, *Magnolia officinalis*, *Lithocarpus calophyllus*, *Manglietia fordiana*, *Schima superba*, *Machilus thunbergii*, *Elaeocarpus decipiens*, and *Exbucklandia tonkinensis*, which had higher weights of litter collected

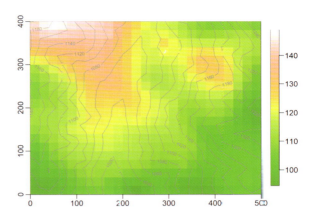

图 2-15   南岭森林动态监测样地凋落物干重的空间分布
Figure 2-15   Spatial distribution of litter dry weights in the Nanling Forest Dynamics Plot

(Table 2-5). In terms of temporal distribution, the highest litter amount was collected in March (11,236.73 g), accounting for 65.61%, while January and May had lower proportions (25.98% and 8.41%, respectively). Spatial analysis showed that litter distribution was closely related to habitat characteristics, with significantly higher litter amounts in the northwest and northeast corners of the plot (Figure 2-15), both of which are terrain extending from valleys to ridges.

表 2-5   南岭森林动态监测样地凋落物干重前十的物种
Table 2-5   List of top ten species by litter dry weights in the Nanling Forest Dynamics Plot

物种 species	科 Family	凋落物（树叶）干重 Litter dry mass（g）	比例 proportion（%）
甜槠 *Castanopsis eyrei*	壳斗科 Fagaceae	1165.34	6.80
木荷 *Schima superba*	山茶科 Theaceae	1135.22	6.63
美叶柯 *Lithocarpus calophyllus*	壳斗科 Fagaceae	740.37	4.32
木莲 *Manglietia fordiana*	木兰科 Magnoliaceae	681.22	3.98
五列木 *Pentaphylax euryoides*	五列木科 Pentaphylacaceae	531.30	3.10
红楠 *Machilus thunbergii*	樟科 Lauraceae	492.80	2.88
杜英 *Elaeocarpus decipiens*	杜英科 Elaeocarpaceae	343.38	2.00
大果马蹄荷 *Exbucklandia tonkinensis*	金缕梅科 Hamamelidaceae	294.28	1.72
川桂 *Cinnamomum wilsonii*	樟科 Lauraceae	290.40	1.70
罗浮锥 *Castanopsis fabri*	壳斗科 Fagaceae	284.46	1.66

2.4.2 幼苗监测

天然更新是森林生态系统自我繁衍和恢复的主要方式，也是森林生态系统动态研究的主要内容。对森林植物更新策略及动态的研究，有助于了解物种间不同的更新方式，进而揭示影响森林植物群落动态的根本原因。在树木的生活史中，幼苗到幼树阶段是树木定植的瓶颈阶段，被认为是个体生长最为脆弱、对环境变化最为敏感的时期。因此，研究树木幼苗的分布对于了解森林群落的更新具有重要的意义。对不同森林幼苗的研究显示，幼苗的出现、生长和存活不仅受到许多微气候和土壤因素的影响，也与其自身特性有关，如耐阴种幼苗的存活率比先锋种高，说明不同物种幼苗生存对生态位的需求有所不同。还有研究显示，幼苗的存活受到同种个体密度的制约，密度制约在许多森林生态系统中被证实广泛存在。在这种因素的影响下，种群密度对植物生长及存活具有负面的影响，从而使稀有种种群增长高于常见种，最终促进了物种的共存。因此对树木幼苗存活更新的研究，有利于揭示物种多样性维持的机制。

2020—2021 年，对样地内 600 个幼苗样方开展了两次调查，分别是 2020 年 12 月（旱季）和 2021 年 6 月（雨季）。两次调查共记录到 158 个物种，包括木本植物的幼苗、灌木、藤本、草本和蕨类，隶属于 55 个科和 96 个属。幼苗群体中优势的科有五列木科（15 种）、樟科（14 种）、山矾科（11 种）、蔷薇科（9 种）、壳斗科（9 种）、杜鹃花科（8 种）、冬青科（6 种）、报春花科（Primulaceae，5 种）、菝葜科（Smilacaceae，4 种）、茜草科（Rubiaceae，4 种）等（表 2-6）。

两次调查共记录到幼苗 2765 株，其中乔木、灌木物种中幼苗数量较多的是五列木、杜茎山（*Maesa japonica*）、黄丹木姜子（*Litsea elongata*）、多花山矾（*Symplocos ramosissima*）、木荷和红楠等（表 2-6）。蕨类植物中里白（*Diplopterygium glaucum*）、狗脊（*Woodwardia japonica*）等占优势；藤本幼苗中菝葜（*Smilax china*）数量较多；草本则以浆果薹草（*Carex baccans*）等为主。

第一次调查中共记录幼苗数量为 2641，第二次调查中新增幼苗的数量为 124 株，占原个体数量的 4.70%，新增幼苗的数量和比例均较低；同时，死亡的个体数量也较少，仅死亡 28 株，占原有数量的 1.06%。

从基径的径级结构来看，幼苗样方小径级的个体数量占绝对优势，基本符合倒"J"形的径级结构（图 2-16）。高度的分布结构类似，大部分的幼苗集中在 60 cm 以下（图 2-16）。从优势物种高度的分布结构来看，大部分物种均倾向于倒"J"形分布，说明幼苗的更新状况良好，部分优势物种，比如杜茎山，偏向于单峰型，可能与其灌木的生长型相关。

表 2-6　南岭森林动态监测样地幼苗样方调查物种数量前十的科及个体数量前十的物种
Table 2-6　Top ten families by number of species and top ten species by number of individuals in the seedling plots of the Nanling Forest Dynamics Plot

科 Family	物种数 Number of species	物种 Species	个体数 Number of individuals
五列木科 Pentaphylacaceae	15	里白 *Diplopterygium glaucum*	191
樟科 Lauraceae	14	五列木 *Pentaphylax euryoides*	163
山矾科 Symplocaceae	11	浆果薹草 *Carex baccans*	112
壳斗科 Fagaceae	9	杜茎山 *Maesa japonica*	106
蔷薇科 Rosaceae	9	菝葜 *Smilax china*	102
杜鹃花科 Ericaceae	8	黄丹木姜子 *Litsea elongata*	88
冬青科 Aquifoliaceae	6	多花山矾 *Symplocos ramosissima*	84
报春花科 Primulaceae	5	狗脊 *Woodwardia japonica*	70
菝葜科 Smilacaceae	4	木荷 *Schima superba*	65
茜草科 Rubiaceae	4	红楠 *Machilus thunbergii*	56

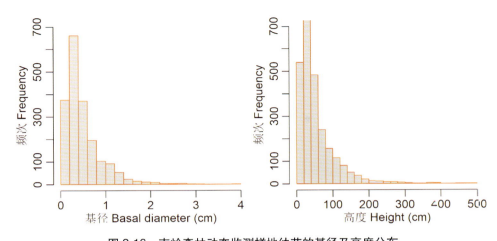

图 2-16　南岭森林动态监测样地幼苗的基径及高度分布

Figure 2-16　Basal diameter and height distribution of seedlings in the Nanling Forest Dynamics Plot

2.4.2 Seedling Monitoring

Natural regeneration is the main way for forest ecosystems to reproduce and recover, and it is also the main focus of dynamic research on forest ecosystems. Studying the renewal strategies and dynamics of forest plants helps to understand the different renewal methods between species and ultimately reveal the fundamental reasons that affect the dynamics of forest plant communities. In the life history of trees, the seedling to sapling stage is a bottleneck period for tree establishment, and it is considered the most fragile and sensitive period for individual growth in response to environmental changes. Therefore, studying the distribution of tree seedlings is important for understanding forest community renewal. Research on different forest seedlings shows that the appearance, growth, and survival of seedlings are not only influenced by many microclimate and soil factors but also related to their own traits. For example, the survival rate of shade-tolerant seedlings is higher than that of pioneer species, indicating that different species have different ecological niche requirements for seedling survival. Studies also show that the survival of seedlings is limited by intraspecific individual density, which has been widely confirmed to exist in many forest ecosystems. Under the influence of this factor, population density has a negative impact on plant growth and survival, thereby promoting the growth of rare species populations over common species and ultimately promoting species coexistence. Therefore, studying the survival and renewal of tree seedlings is beneficial for revealing the mechanisms that maintain species diversity.

During 2020-2021, 600 seedling plots were surveyed twice in the plot, in December 2020 (dry season) and June 2021 (rainy season), respectively. A total of 158 species were recorded, including seedlings, shrubs of woody plants, vines, herbs, and ferns, belonging to 55 families and 96 genera. The dominant families in the seedling cohort were Theaceae (15 species), Lauraceae (14 species), Rubiaceae (11 species), Rosaceae (9 species), Fagaceae (9 species), Ericaceae (8 species), Aquifoliaceae (6 species), and Primulaceae (5 species) (Table 2-6).

A total of 2,765 seedlings were recorded in the two surveys, with more seedlings of woody, shrub species like Theaceae, *Maesa japonica*, *Litsea elongata*, *Symplocos ramosissima*, *Magnolia officinalis*, *Lasianthus japonicus*, and *Dalbergia cochinchinensis* (Table 2-6). *Diplopterygium glaucum* and *Woodwardia japonica* were dominant in ferns, while *Smilax china* was more common among vine seedlings, and *Carex baccans* was the main herb.

In the first survey, there were 2,641 seedlings recorded, and 124 new seedlings were found in the second survey, accounting for 4.70% of the original individuals. The number and proportion of new seedlings were both low; at the same time, the number of dead individuals was also low, with only 28 deaths, accounting for 1.06% of the first survey.

From the size class distribution of basal diameter, seedlings in small size classes were dominant, which basically conformed to a reverse "J" type size class distribution (Figure 2-16). The distribution structure of height is similar, with most seedlings concentrated below 60 cm (Figure 2-16). Regarding of the height distribution of dominant species, most species tend to have a reverse "J" distribution, indicating that the renewal status of seedlings is well. Some dominant species, such as *Maesa japonica* and *Lasianthus japonicus*, tend to have a unimodal distribution, which may be related to the growth pattern of shrubs.

2.5 南岭森林动态监测样地植物性状概况

2.5.1 测量方法

植物的性状反映了物种的形态和生理特征，这些特征的差异导致物种利用自然资源方式的不同，从而促进了亚热带森林生物多样性的维持，以及生态系统功能的稳定。

选择样地内的优势及常见树种 102 种，植物样品在样地外围无损采集，每个物种按照一定距离（≥ 20m）随机选择 6 个个体。

每个个体选择 4 片相对年轻、完全伸展且健康的叶片进行测量，包括 6 种关键的叶片性状：叶面积（cm^2）、比叶面积（cm^2/g）、叶干物质含量（g/g）、叶厚度（mm）、叶片氮含量（g/kg）、叶片磷含量（g/kg）。计算个体和物种性状的平均值。

在离个体基部 2 m 的范围内建立一个 1 m × 1 m 的样方，将样方内 0~20 cm 深度的土壤小心地剖开暴露侧根，将延伸到个体基部的侧根部分截下并带回实验室待处理，取样过程保持根的完整性。根系用清水慢慢洗净，选择分支完整的末端细根，利用 Winrhizo 根系分析系统扫描并分析根系的长度、表面积、平均直径、体积和分支数等，完成后将根系放入 60℃烘箱 72 小时以上烘干称重，分析以下根系性状值：平均直径（mm）、比根长（cm/g）、比根面积（cm/g）、根组织密度（g/cm^3）、根分支密度（tip/cm）、干物质含量（g/g）、根氮含量（g/kg）、根磷含量（g/kg）。

2.5 Overview of Plant Traits in the Nanling Forest Dynamics Plot

2.5.1 Measurement Method

Plant traits reflect the morphological and physiological characteristics of species, and differences in these traits lead to different ways of utilizing natural resources, thereby promoting the maintenance of biodiversity and ecosystem function in subtropical forests.

We selected 102 dominant and common tree species in the plot and collected plant samples from the periphery of the plot without damage. Six individuals were randomly selected for each species at a certain distance (≥ 20 m).

Four relatively young, fully extended, and healthy leaves were selected for each individual and measured for six key leaf traits: leaf area (cm^2), specific leaf area (cm^2/g), leaf dry matter content (g/g), leaf thickness (mm), and leaf nitrogen and phosphorus content (g/kg). The mean values of individual and species traits were calculated.

A 1 m × 1 m quadrat was established within 2 meters of the base of each individual, and the soil within 0-20 cm depth in the quadrat was carefully excavated to expose the lateral roots. The lateral roots extending to the base of the individual were cut off and brought back to the lab for processing, while maintaining the integrity of the root system during sampling. The root system was washed slowly with water, and the intact terminal fine roots were selected for analysis. The Winrhizo root analysis system was used to scan and analyze root length, surface area, average diameter, volume, and branching density. After that, the roots were dried in a 60℃ oven for more than 72 hours, weighed, and analyzed for the following root traits: average diameter (mm), specific root length (cm/g), specific root surface area (cm²/g), root tissue density (g/cm³), root branching intensity (tips/cm), dry matter content (g/g), and root nitrogen and phosphorus content (g/kg).

2.5.2 性状概况

植物性状表现出较大的种间差异，性状值的范围及标准差较大（表2-7），说明物种之间的形态和化学特征有明显的差异，不同的物种具有多样的性状，有利于物种利用不同的自然资源，促进生态位的分化和物种共存。关键性状的值多倾向于正态分布（图2-17），即多数物种的性状值集中在某一区间，但少部分物种的性状值则明显偏离该区间，通常用于适应较为特殊的某些特定生境。不同性状值的空间分布也表现出较大的差异，比如分布在样地中心区域（沟谷及其周边生境）物种的比叶面积、叶片和细根的氮磷含量均较高（图2-18），通常表现为"快"的生态策略，即生长和代谢速率较高但寿命较短，与沟谷较为充足的水分和养分相关联；但其他性状，比如叶干物质含量和根组织密度性状值的空间分布则相反或更为随机。从功能多样性来看，功能离散度表现出较为明显的空间格局，沟谷及其周边区域的功能多样性更高（图2-19），具有更为复杂的生态系统功能，在生态系统中的作用更为重要，且干扰后短期内难以恢复。

表 2-7　南岭森林动态监测样地叶片及细根性状值概况
Table 2-7　Overview of leaf and fine root traits in the Nanling Forest Dynamics Plot

性状（单位）Trait (unit)	均值（范围）Average (range)	标准差 SD
叶面积 Leaf area（cm²）	34.09 (2.99~162.83)	27.92
比叶面积 Specific leaf area（cm²/g）	130.18 (51.14~535.27)	88.59
叶干物质含量 Leaf dry matter content（g/g）	0.43 (0.16~0.6)	0.09
叶厚度 Leaf thickness（mm）	0.27 (0.14~0.55)	0.08
叶片氮含量 Leaf nitrogen content（g/kg）	14.64 (7.76~25.17)	4.23
叶片磷含量 Leaf phosphorus content（g/kg）	0.67 (0.25~2.84)	0.49
细根平均直径 Average diameter of fine-root（mm）	0.48 (0.3~0.85)	0.13
比根长 Specific root length（cm/g）	1304.16 (441.3~2587.13)	451.71
比根面积 Specific root area（cm²/g）	169.45 (95.34~315.93)	33.47
根组织密度 Root tissue density（g/cm³）	1.97 (1.05~4.73)	0.66
根分支密度 Root branching intensity（tip/cm）	1.44 (0.69~2.76)	0.44
根干物质含量 Root dry matter content（g/g）	0.44 (0.19~0.71)	0.1
根氮含量 Root nitrogen content（g/kg）	9.07 (3.3~22.26)	3.76
根磷含量 Root phosphorus content（g/kg）	0.35 (0.09~0.74)	0.15

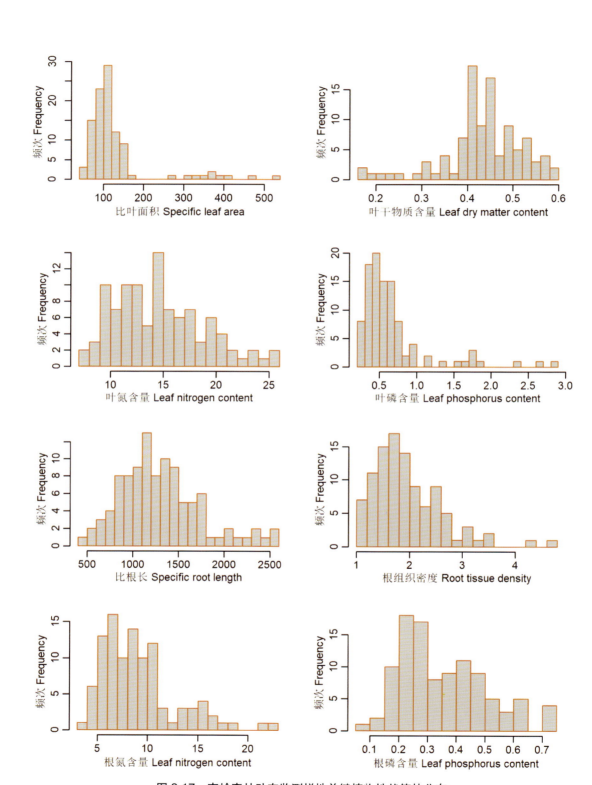

图 2-17　南岭森林动态监测样地关键植物性状值的分布
Figure 2-17　Distribution of key plant traits in the Nanling Forest Dynamics Plot

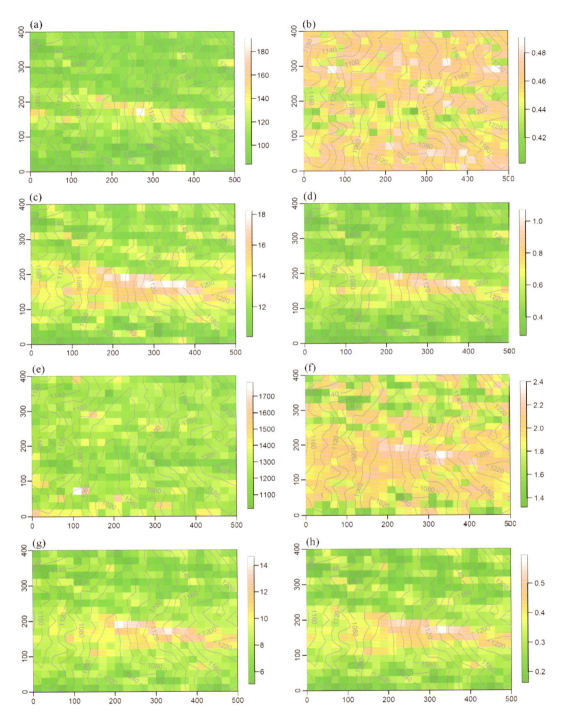

图 2-18 南岭森林动态监测样地关键植物性状值的空间分布（20 m × 20 m）。a 到 h 依次为比叶面积、叶干物质含量、叶氮磷含量、比根长、根组织密度、细根氮磷含量

Figure 2-18 Spatial distribution (20 m × 20 m) of key plant traits in the Nanling Forest Dynamics Plot a to h represent specific leaf area, leaf dry matter content, leaf nitrogen and phosphorus content, specific root length, root tissue density, and fine root nitrogen and phosphorus content, respectively

植物性状的主成分分析结果来看，第一主分和第二主分分别解释了34.11%和28.14%的性状的变异（图2-20），前两轴较好地解释了植物性状的变异。主成分分析主要将物种的生态策略分为两个维度，第一主分主要表征的是物种的"快-慢"策略，即位于第一轴右侧的物种倾向于"资源获取型"，具有较高的比叶面积、氮磷含量及较低的干物质含量等，物种表现出较高的生长速率和代谢速率，但通常寿命较短死亡率较高；处于第一轴左侧的物种倾向于"资源保守型"，通常表现为较低的生长速率，但寿命较长死亡率较低，结果较好地支持了植物经济型谱理论。第二主分主要解释了地下生态策略的第二个维度，揭示了细根形态的变异，即处于第二轴上方的物种通常细根的平均直径较大，根分支密度和比根长较低；而处于第二轴下方的物种则相反，细根多且直径较小，体现了细根性状变异的多维度及地下生态策略的复杂性。

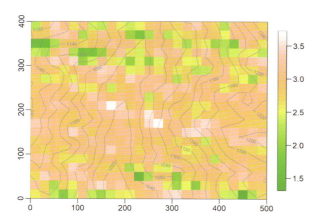

图2-19　南岭森林动态监测样地植物性状功能多样性空间分布（20 m × 20 m）

Figure 2-19　Spatial distribution (20 m × 20 m) of functional diversity in the Nanling Forest Dynamics Plot

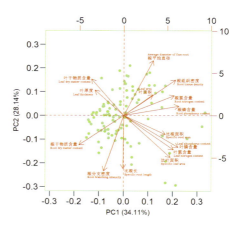

图2-20　南岭森林动态监测样地植物性状主成分分析

Figure 2-20　Principal component analysis of plant traits in the Nanling Forest Dynamics Plot

2.5.2　Overview of traits

There are significant inter-species differences in plant traits, and the range and standard deviation of the trait value are large (Table 2-7), indicating significant differences in morphological and chemical features among species. Different species have diverse traits, which is beneficial for utilizing different natural resources, promoting niche differentiation and coexistence of species. The values of key traits tend to follow a normal distribution (Figure 2-17), with most species' trait values concentrated in a certain range while some species' trait values deviate significantly from that range, usually adapting to more specific habitats. The spatial distribution of different trait values also shows significant differences, for example, species distributed in the central area of the sampling site (valleys and surrounding habitats) have higher specific leaf area, nitrogen and phosphorus contents of leaves and fine roots (Figure 2-18), usually showing a "fast" ecological strategy with high growth and metabolism rates but short lifespans, which are related to abundant water and nutrients in valleys; however, other traits, such as the spatial distribution of leaf dry matter content and root tissue density values, are opposite or more random. In terms of functional diversity, functional dispersion shows a more obvious spatial pattern, with higher functional diversity in the valley and its surrounding areas (Figure 2-19), which have more complex ecosystem functions and play a more important role in the ecosystem, but are difficult to recover in the short term after disturbance.

According to the results of principal component analysis of plant traits, the first and second principal components explain 34.11% and 28.14% of the variation in traits, respectively (Figure 2-20), and the first two axes well explain the variation in plant traits. Principal component analysis mainly divides species' ecological strategies into two dimensions. The first principal component mainly represents the "fast-slow" strategy of species, with species on the right side of the first axis tending to be "resource acquisition" type, showing higher specific leaf area, nitrogen and phosphorus content, and lower dry matter content, with higher growth and metabolism rates but usually shorter lifespans and higher mortality rates; while species on the left side of the first axis tend to be "resource conservation" type, usually showing lower growth rates but longer lifespans and lower mortality rates, which supports the theory of plant economics spectrum. The second principal component mainly explains the variation in underground ecological strategy as the second dimension, revealing the variation in fine root morphology, with species above the second axis usually having a larger average diameter of fine roots, lower root branching density and specific root length, while those below the second axis are the opposite, reflecting the multidimensionality and complexity of fine root traits and underground ecological strategies.

广东南岭亚热带森林——树种及其分布格局

Guangdong Nanling Subtropical Forest Dynamics Plot: Tree
Species and Their Distribution Patterns

广东南岭森林动态监测样地
树种及其分布格局

Guangdong Nanling Forest Dynamics Plot: Tree Species and Their Distribution Patterns

001　华南五针松　　*Pinus kwangtungensis*　　松科 Pinaceae

- 个体数（Individuals number/20hm²）= 402
- 总胸高断面积（Basal area）= 13.8703m²
- 重要值（Importance value）= 2.3461
- 重要值排序（Importance value rank）= 33
- 最大胸径（Max DBH）= 70.1cm

乔木；高达30m。树皮裂成鳞状块片。针叶5针一束，长3.5~7cm，径1~1.5mm，边缘疏生锯齿；树脂道2~3个，背面2个边生。球果柱状矩圆形，常单生。花期4~5月，球果翌年10月成熟。

Trees to 30 m tall. Bark scaly. Needles 5 per bundle, 3.5-7 cm × 1-1.5 mm, margin sparsely denticulate; resin canals 2-3, abaxial 2 marginal. Seed cones cylindric-oblong, usually solitary. Fl. Apr.-May, fr. Oct. of following year.

树干 Trunk

叶 Leaves

果 Fruit

径级分布表 DBH class

胸径等级 （Diameter class） （cm）	个体数 （No. of individuals）	比例 （Proportion） （%）
<2	15	3.73
2~5	36	8.96
5~10	50	12.44
10~20	142	35.32
20~30	117	29.10
30~60	39	9.70
>60	3	0.75

个体分布图 Distribution of individuals

002 马尾松　　　*Pinus massoniana*　　　松科 Pinaceae

- 个体数（Individuals number/20hm²）＝172
- 总胸高断面积（Basal area）＝4.2212m²
- 重要值（Importance value）＝0.9067
- 重要值排序（Importance value rank）＝80
- 最大胸径（Max DBH）＝40.1cm

常绿乔木。树皮裂成不规则的鳞状块片。针叶 2 针一束，稀 3 针一束。球果卵圆形或圆锥状卵圆形；种子长卵圆形，具翅。花期 4~5 月，球果翌年 10~12 月成熟。

Evergreen conifer. Bark irregularly scaly. Needles 2 (or seldomly 3) per bundle. Seed cones ovoid or ovoid-cylindric. Seeds narrowly ovoid and winged. Fl. Apr.-May, fr. Oct.-Dec. of following year.

花 Flowers

整株 Whole plant

果 Fruits

径级分布表 DBH class

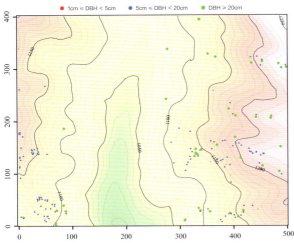

个体分布图 Distribution of individuals

胸径等级 (Diameter class) (cm)	个体数 (No. of individuals)	比例 (Proportion) (%)
<2	1	0.58
2~5	7	4.07
5~10	36	20.93
10~20	86	50.00
20~30	28	16.28
30~60	14	8.14
>60	0	0.00

003 长苞铁杉　　*Nothotsuga longibracteata*　　松科 Pinaceae

- 个体数 （Individuals number/20hm²）＝14
- 总胸高断面积 （Basal area）＝0.1449m²
- 重要值 （Importance value）＝0.0699
- 重要值排序 （Importance value rank）＝173
- 最大胸径 （Max DBH）＝21.1cm

乔木；高达30m。叶辐射伸展，条形，直，长1.1~2.4cm，宽1~2.5mm，有7~12条气孔带。球果直立，圆柱形，长2~5.8cm，径1.2~2.5cm。花期3月下旬至4月中旬，球果10月成熟。

Trees to 30 m tall. Needles spirally arranged, linear, 1.1–2.4 × 1–2.5 cm, with 7-12 stomatal bands. Seed cones erect, 2-5.8 × 1.2-2.5 cm. Fl. late Mar.-late Apr., fr. Oct..

树干 Trunk

叶背 Leaf abaxial surface

枝叶 Branch and leaves

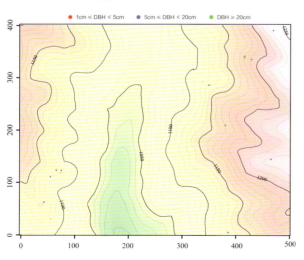
个体分布图 Distribution of individuals

径级分布表 DBH class

胸径等级 (Diameter class) (cm)	个体数 (No. of individuals)	比例 (Proportion) (%)
<2	1	7.14
2~5	2	14.29
5~10	4	28.57
10~20	6	42.86
20~30	1	7.14
30~60	0	0.00
>60	0	0.00

004 百日青　　*Podocarpus neriifolius*　　罗汉松科 Podocarpaceae

- 个体数（Individuals number/20hm²）= 368
- 总胸高断面积（Basal area）= 0.8330m²
- 重要值（Importance value）= 0.8309
- 重要值排序（Importance value rank）= 84
- 最大胸径（Max DBH）= 20.1cm

常绿乔木。叶螺旋状着生，披针形，长 7~15cm，宽 9~13mm，有短柄。雄球花穗状，单生或 2~3 个簇生，长 2.5~5cm。种子卵圆形。花期 5 月，种子 8~11 月成熟。

Evergreen tree. Leaves spirally arranged, lanceolate, 7-15 cm × 9-13mm, with short petiole. Pollen cones spike-like, solitary or in clusters of 2 or 3, 2.5-5cm. Seeds ovoid. Fl. May, fr. Aug.-Nov..

树干 Trunk

枝叶 Branch and leaves

花枝 Flowering branches

径级分布表 DBH class

胸径等级 (Diameter class) (cm)	个体数 (No. of individuals)	比例 (Proportion) (%)
<2	74	20.1
2~5	174	47.28
5~10	102	27.72
10~20	17	4.62
20~30	1	0.27
30~60	0	0.00
>60	0	0.00

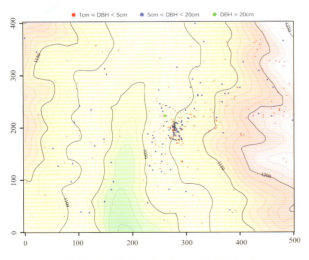

个体分布图 Distribution of individuals

005 杉木　　*Cunninghamia lanceolata*　　柏科 Cupressaceae

- 个体数（Individuals number/20hm²）= 525
- 总胸高断面积（Basal area）= 10.5144m²
- 重要值（Importance value）= 1.9811
- 重要值排序（Importance value rank）= 43
- 最大胸径（Max DBH）= 41.7cm

常绿乔木。叶2列状，披针形，长2~6cm，宽3~5mm。雄球花多数，簇生于枝顶端，长0.5~1.5cm。每种鳞腹面着生3粒种子。花期4月，球果10月下旬成熟。

Evergreen trees. Leaves 2-ranked, lanceolate, 2-6 cm × 3-5 mm. Pollen cone numerous, fascicled at top of branches, 0.5-1.5 cm. Each seminiferous scale bears 3 seeds on its ventral surface. Fl. Apr., fr.Oct..

树干 Trunk

叶 Leaves

果枝 Fruiting branches

径级分布表 DBH class

胸径等级 (Diameter class) (cm)	个体数 (No. of individuals)	比例 (Proportion) (%)
<2	23	4.38
2~5	112	21.33
5~10	130	24.76
10~20	138	26.29
20~30	91	17.33
30~60	31	5.90
>60	0	0.00

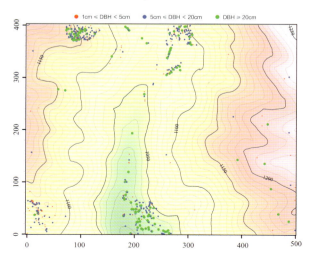

个体分布图 Distribution of individuals

006 福建柏 *Chamaecyparis hodginsii* 柏科 Cupressaceae

- 个体数 （Individuals number/20hm²）= 615
- 总胸高断面积 （Basal area）= 2.6217m²
- 重要值 （Importance value）= 1.1842
- 重要值排序 （Importance value rank）= 69
- 最大胸径 （Max DBH）= 51.7cm

乔木；高达 17m。鳞叶 2 对交叉对生，4 个成一节，常长 4~7mm，两侧鳞叶长 5~10mm。雄球花近球形，长约 4mm。球果近球形，熟时褐色；种子具 3~4 棱。花期 3~4 月，种子翌年 10~11 月成熟。

Trees to 17 m tall. Scalelike leaves decussate, almost in whorls of 4, facial leaves 4-7 mm, lateral leaves 5-10 mm. Pollen cones subglobose, 4-5 mm. Seed cones subglobose, brown when ripe; Seeds 3- or 4-ridged. Fl. Mar.-Apr., fr. Oct.-Nov. of following year.

树干 Trunk

果枝 Fruiting branches

叶 Leaves

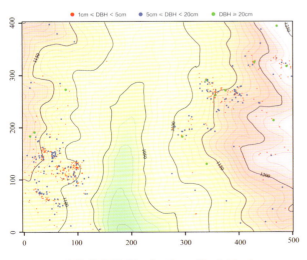

个体分布图 Distribution of individuals

径级分布表 DBH class

胸径等级 （Diameter class） （cm）	个体数 （No. of individuals）	比例 （Proportion） （%）
<2	119	19.35
2~5	285	46.34
5~10	128	20.81
10~20	71	11.54
20~30	10	1.63
30~60	2	0.33
>60	0	0.00

007 穗花杉 *Amentotaxus argotaenia* 红豆杉科 Taxaceae

- 个体数（Individuals number/20hm²）＝8
- 总胸高断面积（Basal area）＝0.0352m²
- 重要值（Importance value）＝0.0288
- 重要值排序（Importance value rank）＝193
- 最大胸径（Max DBH）＝12.2cm

灌木或小乔木。叶条状披针形，长 3~11cm，宽 6~11mm，下面具白色气孔带。雄球花穗 1~3，长 5~6.5cm。种子长 2~2.5cm，熟时假种皮鲜红色。花期 4 月，种子 10 月成熟。

Small trees or shrubs. Leaves linear-lanceolate, 3-11 cm × 6-11 mm, with white stomatal bands abaxially. Pollen-cone racemes borne 1-3 together, 5-6.5 cm. Seeds 2-2.5 cm, Aril bright red. Fl. Apr., fr. Oct..

树干 Trunk

整株 Whole plant

枝叶 Branch and leaves

径级分布表 DBH class

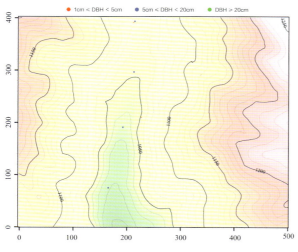
个体分布图 Distribution of individuals

胸径等级 （Diameter class） （cm）	个体数 （No. of individuals）	比例 （Proportion） （%）
<2	1	12.50
2~5	3	37.50
5~10	2	25.00
10~20	2	25.00
20~30	0	0.00
30~60	0	0.00
>60	0	0.00

008 南方红豆杉　*Taxus wallichiana* var. *mairei*　红豆杉科 Taxaceae

- 个体数（Individuals number/20hm²）= 216
- 总胸高断面积（Basal area）= 0.3741m²
- 重要值（Importance value）= 0.1997
- 重要值排序（Importance value rank）= 141
- 最大胸径（Max DBH）= 23.5cm

叶螺旋状排列，多呈弯镰状，通常长 2~3.5（4.5）cm，宽 3~4（5）mm，具角质乳头状突起点，叶背有 2 条气孔带。雄球花淡黄色。果红色；种子较大。

Leaves spirally arranged, usually falcate, 2-3.5 (4.5) cm × 3-4 (5) mm, with papillae, 2 stomatal bands abaxially. Pollen cones pale yellowish. Seed cones red; seeds large.

树干 Trunk

叶 Leaves

果枝 Fruiting branches

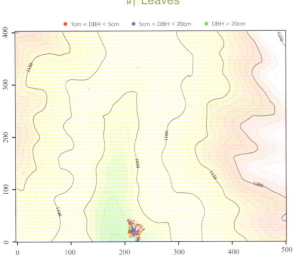

个体分布图 Distribution of individuals

径级分布表 DBH class

胸径等级 （Diameter class） （cm）	个体数 （No. of individuals）	比例 （Proportion） （%）
<2	41	18.98
2~5	119	55.09
5~10	54	25.00
10~20	1	0.46
20~30	1	0.46
30~60	0	0.00
>60	0	0.00

009 木莲　　*Manglietia fordiana*　　木兰科 Magnoliaceae

- 个体数（Individuals number/20hm²）= 2264
- 总胸高断面积（Basal area）= 26.6320m²
- 重要值（Importance value）= 6.4565
- 重要值排序（Importance value rank）= 8
- 最大胸径（Max DBH）= 52.5cm

乔木；高可达 20m。叶长 8~17cm，宽 2.5~5.5cm，边缘稍内卷，下面疏生红褐色短毛。花被片纯白色，每轮 3 片。菁葵先端具长约 1mm 的短喙。花期 5 月，果期 10 月。

Trees to 20 m tall. Leaves 8-17 cm × 2.5-5.5 cm, margin slightly involute, abaxially sparsely reddish brown pubescent. Tepals milky white, 3 per whorl. Mature carpels apex with a ca. 1 mm beak. Fl. May, fr. Oct..

树干 Trunk

果枝 Fruiting branches

花 Flowers

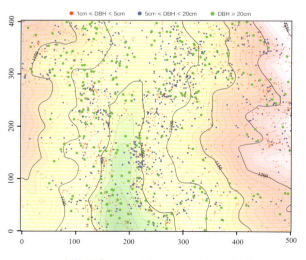

个体分布图 Distribution of individuals

径级分布表 DBH class

胸径等级 (Diameter class) (cm)	个体数 (No. of individuals)	比例 (Proportion) (%)
<2	528	23.32
2~5	725	32.02
5~10	390	17.23
10~20	375	16.56
20~30	174	7.69
30~60	72	3.18
>60	0	0.00

010 广东木莲 *Manglietia kwangtungensis* 木兰科 Magnoliaceae

- 个体数 （Individuals number/20hm²）= 80
- 总胸高断面积 （Basal area）= 0.6446m²
- 重要值 （Importance value）= 0.3073
- 重要值排序 （Importance value rank）= 131
- 最大胸径 （Max DBH）= 29.5cm

乔木；高可达 20m。嫩枝、托叶、幼叶、果柄均密被茸毛。托叶痕长约为叶柄的 1/3；叶长 12~25cm，宽 4~8cm。花被片 9，乳白色。蓇葖顶端具长 2~3mm 的喙。花期 5~6 月，果期 8~12 月。

Trees to 20m tall. Young twigs, stipules, young leaf blades, and fruiting peduncles densely tomentose. Stipule scar ca. 1/3 as long as petiole. Leaves 12-25 cm × 4-8 cm. Tepals 9, milky white. Mature carpels apex with 2-3 mm beak. Fl. May-Jun., fr. Aug.-Dec..

果 Fruit

叶 Leaves

花 Flowers

径级分布表 DBH class

胸径等级 （Diameter class） （cm）	个体数 （No. of individuals）	比例 （Proportion） （%）
<2	5	6.25
2~5	27	33.75
5~10	29	36.25
10~20	16	20.00
20~30	3	3.75
30~60	0	0.00
>60	0	0.00

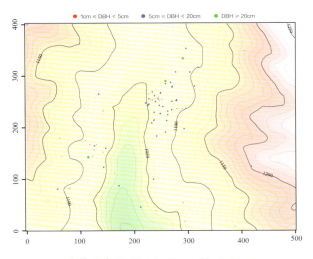

个体分布图 Distribution of individuals

011 金叶含笑 　　*Michelia foveolata* 　　木兰科 Magnoliaceae

- 个体数 （Individuals number/20hm²） = 941
- 总胸高断面积 （Basal area） = 3.8245m²
- 重要值 （Importance value） = 2.3243
- 重要值排序 （Importance value rank） = 35
- 最大胸径 （Max DBH） = 67.1cm

乔木；高可达 30m。叶大，不对称，长 17~23cm，宽 6~11cm。花被片 9~12 片，基部带紫，外轮 3 片阔倒卵形。蓇葖长圆状椭圆体形。花期 3~5 月，果期 9~10 月。

Trees to 30 m tall. Leaf blade large, asymmetrical, 17-23 cm × 6-11 cm. Tepals 9-12, base purplish, outer 3 tepals broadly obovate. Follicles long ellipsoid. Fl. Mar.-May, fr. Sep.-Oct..

树干 Trunk

果 Fruits

花 Flower

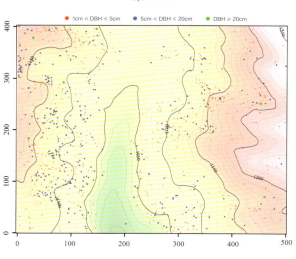

个体分布图 Distribution of individuals

径级分布表 DBH class

胸径等级 （Diameter class） （cm）	个体数 （No. of individuals）	比例 （Proportion） （%）
<2	173	18.38
2~5	430	45.70
5~10	223	23.70
10~20	106	11.26
20~30	8	0.85
30~60	0	0.00
>60	1	0.11

012 深山含笑　　*Michelia maudiae*　　木兰科 Magnoliaceae

- 个体数（Individuals number/20hm²）= 1186
- 总胸高断面积（Basal area）= 7.2464m²
- 重要值（Importance value）= 2.9272
- 重要值排序（Importance value rank）= 26
- 最大胸径（Max DBH）= 40.5cm

乔木；高可达 20m。叶柄长 1~3cm；叶长 7~18cm, 宽 3.5~8.5cm。佛焰苞长约 3cm；花被片 9，基部稍呈淡红色。聚合果长 7~15cm；种子红色。花期 2~3 月，果期 9~10 月。

Trees to 20 m tall. Petioles 1-3 cm, leaf blade 7-18 cm × 3.5-8.5 cm. spathaceous bracts 3cm, tepals 9, base slightly pale red. Aggregate fruits 7-15 cm. Seeds red. Fl. Feb.-Mar., fr. Sep.-Oct..

整株 Whole plant

果枝 Fruiting branches

花 Flowers

径级分布表 DBH class

胸径等级 （Diameter class） （cm）	个体数 （No. of individuals）	比例 （Proportion） （%）
<2	249	20.99
2~5	474	39.97
5~10	232	19.56
10~20	203	17.12
20~30	26	2.19
30~60	2	0.17
>60	0	0.00

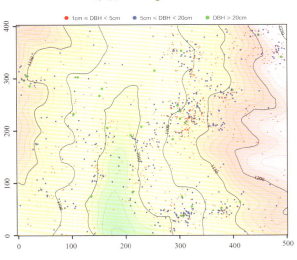

个体分布图 Distribution of individuals

013 乐东拟单性木兰　*Parakmeria lotungensis*　木兰科 Magnoliaceae

- 个体数（Individuals number/20hm²）= 352
- 总胸高断面积（Basal area）= 2.8532m²
- 重要值（Importance value）= 1.1943
- 重要值排序（Importance value rank）= 68
- 最大胸径（Max DBH）= 34.4cm

常绿乔木；高可达30m。叶革质，倒卵状椭圆形或狭椭圆形，长6~11cm，宽2~3.5（5）cm。花杂性；雄花雄蕊30~70枚；两性花雄蕊10~35枚。聚合果长3~6cm。花期4~5月，果期8~9月。

Evergreen trees, 30 m tall. Leaf blade leathery, obovate-elliptic or narrowly elliptic, 6-11 cm × 2-3.5 (5) cm. Flowers polygamodioecious; Male flower: stamens 30-70; bisexual flower: stamens 10-35. Aggregate fruit 3-6 cm. Fl. Apr.-May, fr. Aug.-Sep..

树干 Trunk

叶 Leaves

枝叶 Branch and leaves

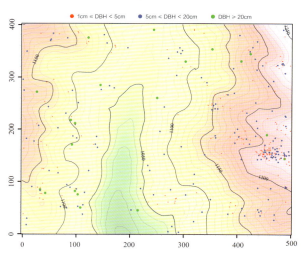

个体分布图 Distribution of individuals

径级分布表 DBH class

胸径等级 （Diameter class） （cm）	个体数 （No. of individuals）	比例 （Proportion） （%）
<2	43	12.22
2~5	122	34.66
5~10	84	23.86
10~20	83	23.58
20~30	18	5.11
30~60	2	0.57
>60	0	0.00

014 毛桂　　*Cinnamomum appelianum*　　樟科 Lauraceae

- 个体数（Individuals number/20hm²）= 73
- 总胸高断面积（Basal area）= 0.1767m²
- 重要值（Importance value）= 0.2339
- 重要值排序（Importance value rank）= 136
- 最大胸径（Max DBH）= 16.3cm

小乔木；高 4~6m。极多分枝。叶互生或近对生，椭圆形，长 4.5~11.5cm，宽 1.5~4cm。圆锥花序长 4~6.5cm，具 3~11 花；花长 3~5mm。果椭圆形；果托长达 1cm。花期 4~6 月，果期 6~8 月。

Small trees, 4-6 m tall. Several branched. Leaves alternate or subopposite, elliptic, 4.5-11.5 cm × 1.5-4 cm. Panicle 4-6.5 cm, 3-11 flowered. Flowers 3-5 mm. Fruit ellipsoid; fruit receptacle 1 cm. Fl. Apr.-Jun., fr. Jun.-Aug..

果枝 Fruiting branches

叶背 Leaf abaxial surface

枝叶 Branch and leaves

径级分布表 DBH class

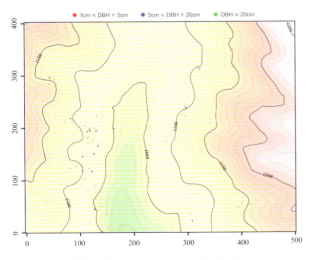

个体分布图 Distribution of individuals

胸径等级 （Diameter class） （cm）	个体数 （No. of individuals）	比例 （Proportion） （%）
<2	21	28.77
2~5	36	49.32
5~10	12	16.44
10~20	4	5.43
20~30	0	0.00
30~60	0	0.00
>60	0	0.00

015 黄樟 *Cinnamomum parthenoxylon* 樟科 Lauraceae

- 个体数 （Individuals number/20hm²）= 453
- 总胸高断面积 （Basal area）= 6.7635m²
- 重要值 （Importance value）= 1.9805
- 重要值排序 （Importance value rank）= 44
- 最大胸径 （Max DBH）= 41cm

常绿乔木。树皮小片剥落。叶互生，羽状脉，脉腋窝明显；有樟脑味。圆锥花序腋生或近顶生。果球形，长约2cm，黑色。花期3~5月，果期4~10月。

Evergreen trees. Bark peeling off in lamellae. Leaves alternate, pinninerved, axils of lateral veins conspicuous; camphor-scented. Panicles axillary or subterminal. Fruit globose, 2 cm, black. Fl. Mar.-May, fr. Apr.-Oct..

树干 Trunk

花枝 Flowering branches

果枝 Fruiting branches

径级分布表 DBH class

胸径等级 （Diameter class） （cm）	个体数 （No. of individuals）	比例 （Proportion） （%）
<2	42	9.27
2~5	103	22.74
5~10	69	15.23
10~20	176	38.85
20~30	58	12.80
30~60	5	1.10
>60	0	0.00

个体分布图 Distribution of individuals

- 1cm ≤ DBH < 5cm
- 5cm ≤ DBH < 20cm
- DBH ≥ 20cm

016 香桂　　　　　*Cinnamomum subavenium*　　　　　樟科 Lauraceae

- 个体数（Individuals number/20hm²）= 579
- 总胸高断面积（Basal area）= 2.1931m²
- 重要值（Importance value）= 1.5310
- 重要值排序（Importance value rank）= 53
- 最大胸径（Max DBH）= 40.7cm

乔木；高可达 20m。叶在幼枝上近对生，在老枝上互生，长 4~13.5cm, 宽 2~6cm。花淡黄色，长 3~4mm。果椭圆形，长约 7mm, 宽 5mm。花期 6~7 月，果期 8~10 月。

Evergreen trees, 20 m tall. Leaves on young branchlets subopposite, those on old branchlets alternate, 4-13.5 cm × 2-6 cm. Flowers yellowish, 3-4 mm. Fruit ellipsoid, ca. 7 × 5 mm. Fl. Jun.-Jul., fr. Aug.-Oct..

树干 Trunk

叶背 Leaf abaxial surface

枝叶 Branch and leaves

径级分布表 DBH class

胸径等级 （Diameter class） （cm）	个体数 （No. of individuals）	比列 （Proportion） （%）
<2	156	26.94
2~5	278	48.01
5~10	103	17.79
10~20	27	4.66
20~30	12	2.07
30~60	3	0.52
>60	0	0.00

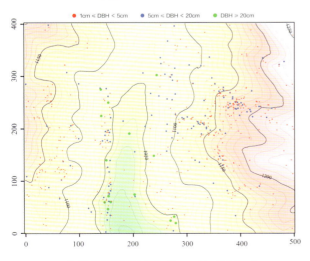

个体分布图 Distribution of individuals

017 川桂　　*Cinnamomum wilsonii*　　樟科 Lauraceae

- 个体数（Individuals number/20hm²）= 761
- 总胸高断面积（Basal area）= 8.8208m²
- 重要值（Importance value）= 2.2798
- 重要值排序（Importance value rank）= 36
- 最大胸径（Max DBH）= 49.2cm

乔木，高可达 25m。叶互生或近对生，长 8.5~18cm，宽 3.2~5.3cm，离基三出脉。圆锥花序腋生，长 3~9cm；能育雄蕊 9。果卵球形。花期 4~5 月，果期 6 月以后。

Trees to 25 m tall. Leaves alternate or subopposite, 8.5-18 cm × 3.2-5.3 cm, triplinerved. Panicles axillary, 3-9 cm, fertile stamens 9. Fruit ovate. Fl. Apr.-May, fr. after Jun..

树干 Trunk

叶背 Leaf abaxial surface

枝叶 Branch and leaves

径级分布表 DBH class

胸径等级 (Diameter class) (cm)	个体数 (No. of individuals)	比例 (Proportion) (%)
<2	141	18.53
2~5	286	37.58
5~10	145	19.05
10~20	105	13.80
20~30	51	6.70
30~60	33	4.34
>60	0	0.00

1cm ≤ DBH < 5cm　　5cm ≤ DBH < 20cm　　DBH ≥ 20cm

个体分布图 Distribution of individuals

018 香叶树 *Lindera communis* 樟科 Lauraceae

- 个体数（Individuals number/20hm²）= 225
- 总胸高断面积（Basal area）= 0.3202m²
- 重要值（Importance value）= 0.6202
- 重要值排序（Importance value rank）= 96
- 最大胸径（Max DBH）= 13.9cm

常绿灌木或小乔木。叶互生，卵形，长（3）4~9（12.5），宽（1）1.5~3（4.5），羽状脉，背疏被柔毛。伞形花序生于叶腋；花被片6。果卵形。花期3~4月，果期9~10月。

Evergreen shrubs or small trees. Leaves alternate, ovate, (3)4-9(12.5) × (1)1.5-3(4.5) cm, pinninerved, laxly pubescent abaxially. Umbels inserted in leaf axil; tepals 6. Fruit ovate. Fl. Mar.-Apr., fr. Sep.-Oct..

花枝 Flowering branches

叶背 Leaf abaxial surface

果枝 Fruiting branches

径级分布表 DBH class

胸径等级 （Diameter class） （cm）	个体数 （No. of individuals）	比例 （Proportion） （%）
<2	97	43.11
2~5	103	45.78
5~10	24	10.67
10~20	1	0.44
20~30	0	0.00
30~60	0	0.00
>60	0	0.00

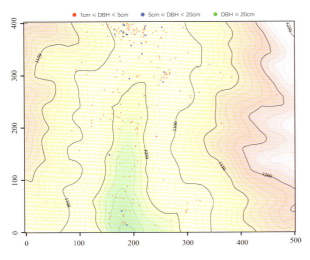

个体分布图 Distribution of individuals

019 尖脉木姜子 *Litsea acutivena* 樟科 Lauraceae

- 个体数（Individuals number/20hm²）= 326
- 总胸高断面积（Basal area）= 0.6300m²
- 重要值（Importance value）= 0.7325
- 重要值排序（Importance value rank）= 90
- 最大胸径（Max DBH）= 22.6cm

常绿乔木；高可达 7m。叶互生或聚生枝顶，披针形，长 4~11cm，宽 2~4cm，下面有黄褐色短柔毛。伞形花序簇生；花被片 6。果椭圆形，长 1.2~2cm，直径 1~1.2cm，成熟时黑色。花期 7~8 月，果期 12 月至翌年 2 月。

Evergreen trees, 7 m tall. Leaves alternate or aggregate branches apical, lanceolate, 4-11 cm × 2-4 cm, abaxially yellowish brown pubescent. Umbels inserted in leaf axil; tepals 6. Fruit ellipsoid, ca. 1.2-2 cm × 1-1.2 cm, black when mature. Fl. Jul.-Aug., fr. Dec.-Feb. of following year.

枝叶 Branch and leaves

花枝 Flowering branches

叶背 Leaf abaxial surface

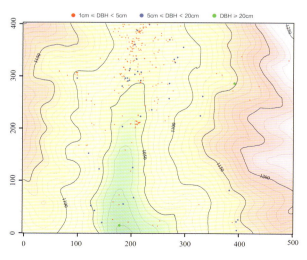

个体分布图 Distribution of individuals

径级分布表 DBH class

胸径等级 （Diameter class） （cm）	个体数 （No. of individuals）	比例 （Proportion） （%）
<2	99	30.37
2~5	185	56.75
5~10	28	8.59
10~20	12	3.68
20~30	2	0.61
30~60	0	0.00
>60	0	0.00

020 山鸡椒　　*Litsea cubeba*　　樟科 Lauraceae

- 个体数（Individuals number/20hm²）= 276
- 总胸高断面积（Basal area）= 0.5111m²
- 重要值（Importance value）= 0.7844
- 重要值排序（Importance value rank）= 86
- 最大胸径（Max DBH）= 17.9cm

落叶小乔木。枝具芳香味。叶互生，披针形或长圆形，羽脉。伞形花序，有花 4~6 朵；花被片 6，宽卵形。果近球形，熟时黑色。花期 2~3 月，果期 7~8 月。

Deciduous small trees. Branches scented. Leaves alternate, lanceolate or oblong, pinninerved. Umbels 4-6 flowered; tepals 6. Fruit subglobose, black at maturity. Fl. Feb.-Mar., fr. Jul.-Aug..

树干 Trunk

果枝 Fruiting branches

花 Flowers

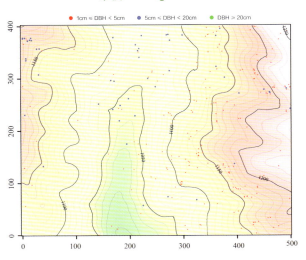

个体分布图 Distribution of individuals

径级分布表 DBH class

胸径等级 （Diameter class） （cm）	个体数 （No. of individuals）	比例 （Proportion） （%）
<2	68	24.64
2~5	157	56.88
5~10	45	16.30
10~20	6	2.17
20~30	0	0.00
30~60	0	0.00
>60	0	0.00

021 黄丹木姜子 *Litsea cubeba* 樟科 Lauraceae

- 个体数（Individuals number/20hm²）= 3550
- 总胸高断面积（Basal area）= 11.9425m²
- 重要值（Importance value）= 5.7161
- 重要值排序（Importance value rank）= 11
- 最大胸径（Max DBH）= 33.4cm

常绿小乔木。叶互生，长圆形，长6~22cm，宽2~6cm；叶柄密被茸毛。伞形花序单生，少簇生；花被片卵形。果长圆形，长11~13mm，直径7~8mm。花期5~11月，果期2~6月。

Evergreen small trees. Leaves alternate, oblong, 6-22 cm × 2-6 cm; petiole densely tomentose. Umbels solitary, rarely clustered; tepals ovate. Fruit oblong, 11-13 mm × 7-8 mm. Fl. May-Nov., fr. Feb.-Jun..

嫩枝和芽 Young branchlet and bud

叶背 Leaf abaxial surface

果枝 Fruiting branches

径级分布表 DBH class

胸径等级 （Diameter class） （cm）	个体数 （No. of individuals）	比例 （Proportion） （%）
<2	1038	29.24
2~5	1432	40.34
5~10	689	19.41
10~20	360	10.14
20~30	30	0.85
30~60	1	0.03
>60	0	0.00

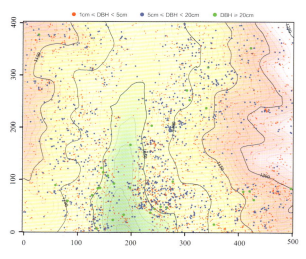

个体分布图 Distribution of individuals

022 木姜子　　*Litsea pungens*　　樟科 Lauraceae

- 个体数（Individuals number/20hm²）= 117
- 总胸高断面积（Basal area）= 0.2818m²
- 重要值（Importance value）= 0.3278
- 重要值排序（Importance value rank）= 127
- 最大胸径（Max DBH）= 12.4cm

落叶小乔木。枝具芳香味。叶互生，披针形或长圆形，羽脉。伞形花序，有花 4~6 朵；花被片 6，倒卵形。果近球形，熟时蓝黑色。花期 3~5 月，果期 7~9 月。

Deciduous small trees. Leaves alternate, lanceolate or oblong, pinninerved. Umbels 4-6 flowered; tepals 6, obovate. Fruit subglobose, blue-black at maturity. Fl. Mar.-May, fr. Jul.-Sep..

枝叶 Branch and leaves

叶 Leaves

叶背 Leaf abaxial surface

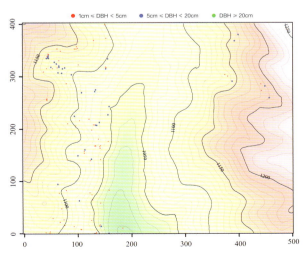

个体分布图 Distribution of individuals

径级分布表 DBH class

胸径等级 （Diameter class） （cm）	个体数 （No. of individuals）	比例 （Proportion） （%）
<2	13	11.11
2~5	63	53.85
5~10	36	30.77
10~20	5	4.27
20~30	0	0.00
30~60	0	0.00
>60	0	0.00

023 薄叶润楠　　　*Machilus leptophylla*　　　樟科 Lauraceae

- 个体数（Individuals number/20hm²）= 711
- 总胸高断面积（Basal area）= 6.4470m²
- 重要值（Importance value）= 1.9024
- 重要值排序（Importance value rank）= 45
- 最大胸径（Max DBH）= 49.4cm

乔木；高可达28m。叶互生或在当年生枝上轮生，长14~24（32）cm，宽3.5~7（8）cm。圆锥花序6~10个聚生；花长7mm，白色。果球形，直径约1cm。

Trees to 28 m tall. Leaves alternate, or verticillate on 1-year-old branchlet, 14-24 (32) cm × 3.5-7 (8) cm. Panicles 6-10 clustered; flower 7mm, white. Fruit globose, 1 cm in diam.

树干 Trunk

花枝 Flowering branches

果枝 Fruiting branches

径级分布表 DBH class

胸径等级 (Diameter class) (cm)	个体数 (No. of individuals)	比例 (Proportion) (%)
<2	89	12.52
2~5	216	30.38
5~10	159	22.36
10~20	213	29.96
20~30	29	4.08
30~60	5	0.70
>60	0	0.00

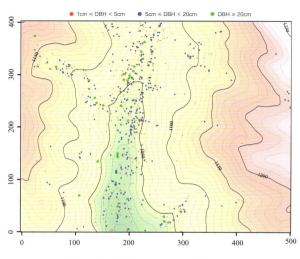

● 1cm ≤ DBH < 5cm　● 5cm ≤ DBH < 20cm　● DBH ≥ 20cm

个体分布图 Distribution of individuals

024 木姜润楠　　*Machilus litseifolia*　　樟科 Lauraceae

- 个体数（Individuals number/20hm²）= 60
- 总胸高断面积（Basal area）= 0.1131m²
- 重要值（Importance value）= 0.1803
- 重要值排序（Importance value rank）= 146
- 最大胸径（Max DBH）= 14.9cm

乔木。叶常集生枝梢，倒披针形，幼嫩时叶背被短柔毛，侧脉 6~8 对。聚伞状圆锥花序；花被片近等长，外面无毛。果球形，幼果粉绿色。花期 3~5 月，果期 6~7 月。

Trees. Leaves usually clustered at apex of branchlet, oblanceolate, abaxially pubescent when young. Lateral veins 6-8 pairs. Cymose panicles; tepals subequal, glabrous outside. Fruit globose, glaucescent when young. Fl. Mar.-May, fr. Jun.-Jul..

整株 Whole plant

枝叶 Branch and leaves

果枝 Fruiting branches

径级分布表 DBH class

胸径等级 （Diameter class） （cm）	个体数 （No. of individuals）	比例 （Proportion） （%）
<2	17	28.33
2~5	28	46.67
5~10	12	20.00
10~20	3	5.00
20~30	0	0.00
30~60	0	0.00
>60	0	0.00

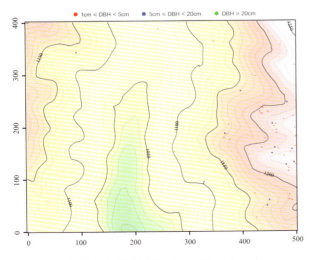

个体分布图 Distribution of individuals

025 刨花润楠　　*Machilus pauhoi*　　樟科 Lauraceae

- 个体数（Individuals number/20hm²）= 263
- 总胸高断面积（Basal area）= 2.3051m²
- 重要值（Importance value）= 0.9889
- 重要值排序（Importance value rank）= 76
- 最大胸径（Max DBH）= 38.5cm

乔木。树皮浅裂。叶窄长圆形，长 7~15cm，宽 2~5cm，背面被绢毛。花序生枝条下部；花被片两面有柔毛。果球形，直径约 10mm。

Trees. Bark shallowly fissured. Leaf blade narrowly elliptic, 7-15 cm × 2-5 cm. abaxially appressed sericeous. Inflorescences on lower part of 1-year-old branchlet; tepals puberulent on both surfaces. Fruit globose, ca. 10 mm in diam.

叶 Leaves

果枝 Fruiting branches

枝叶 Branch and leaves

径级分布表 DBH class

胸径等级 （Diameter class） （cm）	个体数 （No. of individuals）	比例 （Proportion） （%）
<2	40	15.21
2~5	84	31.94
5~10	71	27.00
10~20	48	18.25
20~30	18	6.84
30~60	2	0.76
>60	0	0.00

个体分布图 Distribution of individuals

026 凤凰润楠　　*Machilus pauhoi*　　樟科 Lauraceae

- 个体数（Individuals number/20hm²）= 2804
- 总胸高断面积（Basal area）= 3.7935m²
- 重要值（Importance value）= 3.6401
- 重要值排序（Importance value rank）= 20
- 最大胸径（Max DBH）= 21.2cm

中等乔木；高约5m。叶2~3年不脱落，椭圆形，长 9.5~18（21）cm，宽 2.5~5.5cm。花序多数，长 5~8cm；花被裂片长 6~10mm。果球形，直径约 9mm。

Medium-sized trees, ca. 5 m tall. Leaves persistent for 2-3 years, elliptic, 9.5-18 (21) cm × 2.5-5.5 cm. Inflorescences numerous, 5-8 cm; tepals 6-10 mm. Fruit globose, ca. 9 mm in diam.

树干 Trunk

叶 Leaves

果枝 Fruiting branches

径级分布表 DBH class

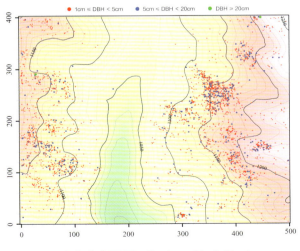

个体分布图 Distribution of individuals

胸径等级 （Diameter class） （cm）	个体数 （No. of individuals）	比例 （Proportion） （%）
<2	682	24.32
2~5	1744	62.20
5~10	356	12.70
10~20	20	0.71
20~30	2	0.07
30~60	0	0.00
>60	0	0.00

027 红楠　　　　*Machilus thunbergii*　　　　樟科 Lauraceae

- 个体数 （Individuals number/20hm²）＝ 7146
- 总胸高断面积 （Basal area）＝ 38.0962m²
- 重要值 （Importance value）＝ 11.0917
- 重要值排序 （Importance value rank）＝ 5
- 最大胸径 （Max DBH）＝ 47.8cm

常绿乔木；高可达 15m。叶长 4.5~9cm，宽 1.7~4.2cm，无毛，侧脉 7~12 对。花序顶生或在新枝上腋生；花被片长圆形。果扁球形，果梗鲜红色。花期 2 月，果期 7 月。

Evergreen trees, 15 m tall. Leaves 4.5-9 cm × 1.7-4.2 cm, glabrous, lateral veins 7-12 pairs. Infructescences terminal or arising from base of young shoots; tepals oblong. Fruit compressed globose, fruiting pedicel bright red. Fl. Feb., fr. Jul..

树干 Trunk

叶背 Leaf abaxial surface

果枝 Fruiting branches

径级分布表 DBH class

胸径等级 （Diameter class） （cm）	个体数 （No. of individuals）	比例 （Proportion） （%）
<2	1312	18.36
2~5	2863	40.06
5~10	1643	22.99
10~20	1165	16.30
20~30	153	2.14
30~60	10	0.14
>60	0	0.00

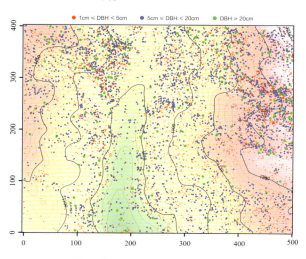

- 1cm ≤ DBH < 5cm　　● 5cm ≤ DBH < 20cm　　● DBH ≥ 20cm

个体分布图 Distribution of individuals

028 新木姜子 *Neolitsea aurata* 樟科 Lauraceae

- 个体数 （Individuals number/20hm²）= 204
- 总胸高断面积 （Basal area）= 0.2227m²
- 重要值 （Importance value）= 0.5241
- 重要值排序 （Importance value rank）= 108
- 最大胸径 （Max DBH）= 12.1cm

乔木。叶互生或聚生枝顶，长圆形，长 8~14cm，宽 2.5~4cm，下面密被绢毛。伞形花序 3~5 个簇生；每一花序有花 5 朵；花被裂片 4。果椭圆形，长 8mm。花期 2~3 月，果期 9~10 月。

Trees. Leaves alternate or clustered toward apex of branchlet, oblong, 8-14 cm × 2.5-4 cm, sericeous abaxially. Umbels 3-5-fascicled; 5-flowered; tepals 4. Fruit ellipsoid, 8 mm. Fl. Feb.-Mar., fr. Sep.-Oct..

枝叶 Branch and leaves

果 Fruits

果枝 Fruiting branches

径级分布表 DBH class

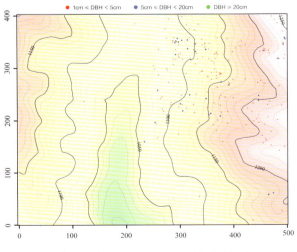

个体分布图 Distribution of individuals

胸径等级 （Diameter class） （cm）	个体数 （No. of individuals）	比例 （Proportion） （%）
<2	100	49.02
2~5	72	35.29
5~10	30	14.71
10~20	2	0.98
20~30	0	0.00
30~60	0	0.00
>60	0	0.00

029 云和新木姜子 *Neolitsea aurata* var. *paraciculata* 樟科 Lauraceae

- 个体数（Individuals number/20hm²）= 210
- 总胸高断面积（Basal area）= 0.4553m²
- 重要值（Importance value）= 0.6121
- 重要值排序（Importance value rank）= 98
- 最大胸径（Max DBH）= 27.3cm

乔木。叶互生或聚生枝顶，略较窄，长 8~14cm，幼时下面疏生黄色丝状毛，下面近于无毛，具白粉。伞形花序 3~5 个簇生；每一花序有花 5 朵；花被裂片 4。果椭圆形，长 8mm。花期 2~3 月，果期 9~10 月。

Trees. Leaves alternate or clustered toward apex of branchlet, often narrower, 8-14 cm, sparsely yellow sericeous abaxially when young, nearly glabrous and glaucous abaxially. Umbels 3-5-fascicled; 5-flowered; tepals 4. Fruit ellipsoid, 8mm. Fl. Feb.-Mar., fr. Sep.-Oct..

果 Fruits

叶 Leaves

枝叶 Branch and leaves

径级分布表 DBH class

胸径等级 （Diameter class） （cm）	个体数 （No. of individuals）	比例 （Proportion） （%）
<2	71	33.81
2~5	104	49.52
5~10	24	11.43
10~20	8	3.81
20~30	3	1.43
30~60	0	0.00
>60	0	0.00

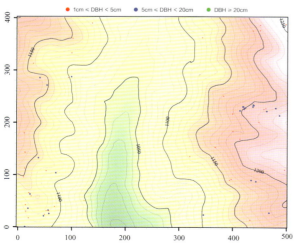

个体分布图 Distribution of individuals

030 锈叶新木姜子 *Neolitsea cambodiana* 樟科 Lauraceae

- 个体数 (Individuals number/20hm²) = 1012
- 总胸高断面积 (Basal area) = 0.3536m²
- 重要值 (Importance value) = 1.6929
- 重要值排序 (Importance value rank) = 48
- 最大胸径 (Max DBH) = 15.9cm

乔木。叶 3~5 片近轮生，长 10~17cm，宽 3.5~6cm，幼叶两面密被锈色茸毛，后毛渐脱落，羽状脉或近似远离基三出脉。伞形花序多个簇生叶腋或枝侧。果球形。花期 10~12 月，果期翌年 7~8 月。

Trees. Leaves 3- or 5- subverticillate, 10-17 cm × 3.5-6 cm, densely ferruginous tomentose when young and becoming glabrous, pinninerved or subtriplinerved. Umbels clustered in leaf axils or lateral. Fruit globose. Fl. Oct.-Dec., fr. Jul.-Aug. of following year.

芽 Bud

叶背 Leaf abaxial surface

果枝 Fruiting branches

径级分布表 DBH class

胸径等级 (Diameter class) (cm)	个体数 (No. of individuals)	比例 (Proportion) (%)
<2	785	77.57
2~5	219	21.64
5~10	5	0.49
10~20	3	0.30
20~30	0	0.00
30~60	0	0.00
>60	0	0.00

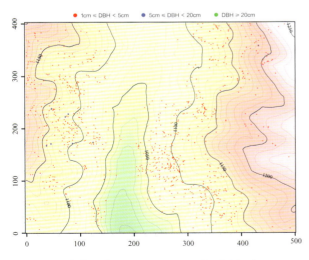

个体分布图 Distribution of individuals

031　大叶新木姜子　*Neolitsea levinei*　　樟科 Lauraceae

- 个体数 （Individuals number/20hm²）= 339
- 总胸高断面积 （Basal area）= 0.4616m²
- 重要值 （Importance value）= = 0.6395
- 重要值排序 （Importance value rank）= 94
- 最大胸径 （Max DBH）= 19.1cm

乔木。叶 4~5 片轮生，长 15~31cm，宽 4.5~9cm，老叶被厚白粉，离基三出脉。伞形花序数个生于枝侧；每一花序有花 5 朵；花被裂片 4。果长 1.2~1.8cm。花期 3~4 月，果期 8~10 月。

Trees. Leaves 4- or 5-verticillate, leaf blade 15-31 cm, × 4.5-9 cm, glaucous abaxially when old, triplinerved. Umbels lateral, 5-flowered; tepals 4. Fruit 1.2-1.8 cm. Fl. Mar.-Apr., fr. Aug.-Oct..

果 Fruits

叶 Leaves

花 Flowers

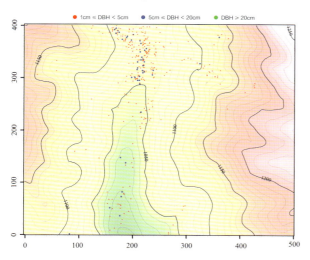

个体分布图 Distribution of individuals

径级分布表 DBH class

胸径等级 （Diameter class） （cm）	个体数 （No. of individuals）	比例 （Proportion） （%）
<2	136	40.12
2~5	158	46.61
5~10	37	10.91
10~20	8	2.36
20~30	0	0.00
30~60	0	0.00
>60	0	0.00

032 显脉新木姜子 *Neolitsea phanerophlebia* 樟科 Lauraceae

- 个体数（Individuals number/20hm²）= 234
- 总胸高断面积（Basal area）= 0.5683m²
- 重要值（Importance value）= 0.5351
- 重要值排序（Importance value rank）= 106
- 最大胸径（Max DBH）= 19cm

小乔木。叶较小，长6~13cm，宽2~4.5cm，叶脉明显，离基三出脉。伞形花序；花被裂片4，卵形。果球形，直径5~9mm。花期10~11月，果期7~8月。

Small trees. Leaf blade small, 6-13 cm, × 2-4.5 cm, veins conspicuous, triplinerved. Umbels; tepals 4, ovate. Fruit globose, 5-9 mm in diam. Fl. Oct.-Nov., fr. Jul.-Aug..

树干 Trunk

叶 Leaves

果枝 Fruiting branches

径级分布表 DBH class

胸径等级 （Diameter class） （cm）	个体数 （No. of individuals）	比例 （Proportion） （%）
<2	68	29.06
2~5	97	41.45
5~10	57	24.36
10~20	12	5.13
20~30	0	0.00
30~60	0	0.00
>60	0	0.00

个体分布图 Distribution of individuals

033 羽脉新木姜子　*Neolitsea pinninervis*　樟科 Lauraceae

- 个体数（Individuals number/20hm²）= 7
- 总胸高断面积（Basal area）= 0.0041m²
- 重要值（Importance value）= 0.0229
- 重要值排序（Importance value rank）= 203
- 最大胸径（Max DBH）= 5.8cm

灌木或小乔木；高可达 12m。叶互生或聚生枝顶呈轮生状，长 6.5~13cm，宽 1.6~4.2cm，干时边缘稍内卷。伞形花序 2~3 个集生叶腋。果近球形，直径约 6mm。花期 3~4 月，果期 8~9 月。

Shrubs or small trees, 12 m tall. Leaves alternate or clustered at apex of branchlet, subverticillate, 6.5-13 cm × 1.6-4.2 cm, margin slightly involute when dry. Umbels 2 or 3 in leaf axils. Fruit subglobose, ca. 6 mm in diam. Fl. Mar.-Apr., fr. Aug.-Sep..

树干 Trunk

芽 Bud

枝叶 Branch and leaves

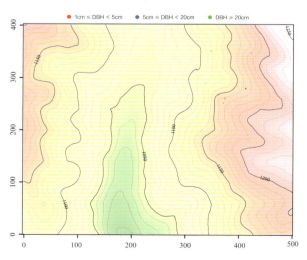
个体分布图 Distribution of individuals

径级分布表 DBH class

胸径等级 （Diameter class） （cm）	个体数 （No. of individuals）	比例 （Proportion） （%）
<2	5	71.43
2~5	1	14.29
5~10	1	14.29
10~20	0	0.00
20~30	0	0.00
30~60	0	0.00
>60	0	0.00

034 紫楠 *Phoebe sheareri* 樟科 Lauraceae

- 个体数（Individuals number/20hm²）＝209
- 总胸高断面积（Basal area）＝0.8409m²
- 重要值（Importance value）＝0.3807
- 重要值排序（Importance value rank）＝124
- 最大胸径（Max DBH）＝21.1cm

大灌木至乔木。叶长 8~27cm，宽 3.5~9cm，侧脉每边 8~13 条，在边缘联结。圆锥花序在顶端分枝。果卵形，长约 1cm，直径 5~6mm。花期 4~5 月，果期 9~10 月。

Large shrubs to small trees. Leaves 8-27 cm × 3.5-9 cm, lateral veins 8-13 pairs, anastomosing at margin. Panicles branched at top of peduncle. Fruit ovoid, ca. 1 cm × 5-6 mm. Fl. Apr.-May, fr. Sep.-Oct..

果 Fruits

叶背 Leaf abaxial surface

枝叶 Branch and eaves

径级分布表 DBH class

胸径等级 (Diameter class) (cm)	个体数 (No. of individuals)	比例 (Proportion) (%)
<2	33	15.79
2~5	85	40.67
5~10	62	29.67
10~20	28	13.40
20~30	1	0.48
30~60	0	0.00
>60	0	0.00

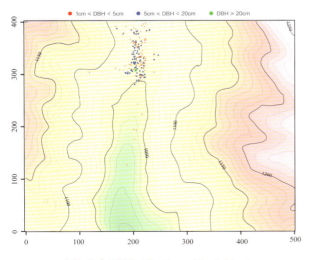

个体分布图 Distribution of individuals

035 檫木   *Sassafras tzumu*   樟科 Lauraceae

- 个体数（Individuals number/20hm²）= 43
- 总胸高断面积（Basal area）= 0.1908m²
- 重要值（Importance value）= 0.1844
- 重要值排序（Importance value rank）= 143
- 最大胸径（Max DBH）= 26.7cm

乔木；高可达 35m。树皮不规则纵裂。叶互生，长 9~18cm，宽 6~10cm。花序顶生，先叶开放，长 4~5cm，多花。果直径达 8mm，果梗长 1.5~2cm。花期 3~4 月，果期 5~9 月。

Trees to 35 m tall. Bark irregularly and longitudinally fissured. Leaves alternate, 9-18 cm × 6-10 cm. Inflorescences terminal, appearing before leaves, 4-5 cm, many flowered. Fruit ca. 8 mm in diam; fruiting pedicel 1.5-2 cm. Fl. Mar.-Apr., fr. May-Sep..

树干 Trunk

果枝 Fruiting branches

叶 Leaves

径级分布表 DBH class

胸径等级 （Diameter class） （cm）	个体数 （No. of individuals）	比例 （Proportion） （%）
<2	5	11.63
2~5	18	41.86
5~10	15	34.88
10~20	4	9.30
20~30	1	2.33
30~60	0	0.00
>60	0	0.00

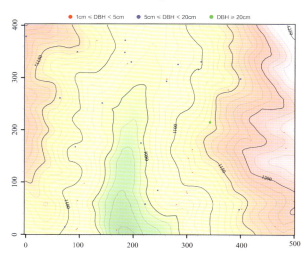

个体分布图 Distribution of individuals

- 1cm ≤ DBH < 5cm
- 5cm ≤ DBH < 20cm
- DBH ≥ 20cm

036 香皮树 *Meliosma fordii* 清风藤科 Sabiaceae

- 个体数（Individuals number/20hm²）= 82
- 总胸高断面积（Basal area）= 0.4293m²
- 重要值（Importance value）= 0.1840
- 重要值排序（Importance value rank）= 144
- 最大胸径（Max DBH）= 33.4cm

乔木；高可达 10m。单叶倒披针形，长 9~18cm，宽 2.5~5cm，叶面光亮，背面被疏柔毛，侧脉 10~20 对。圆锥花序宽广。核果。花期 5~7 月，果期 8~10 月。

Trees to 10 m tall. Leaves simple, oblanceolate, 9-18 cm × 2.5-5 cm, leaf blade adaxially nitid, abaxially pubescent, lateral veins 10-20 pairs. Panicle broad. Drupe. Fl. May-Jul., fr. Aug.-Oct..

整株 Whole plant

叶 Leaves

花枝 Flowering branches

个体分布图 Distribution of individuals

径级分布表 DBH class

胸径等级 (Diameter class) (cm)	个体数 (No. of individuals)	比例 (Proportion) (%)
<2	18	21.95
2~5	46	56.10
5~10	12	14.63
10~20	2	2.44
20~30	2	2.44
30~60	2	2.44
>60	0	0.00

037 腺毛泡花树　　*Meliosma glandulosa*　　清风藤科 Sabiaceae

- 个体数（Individuals number/20hm²）＝ 1162
- 总胸高断面积（Basal area）＝ 7.47800m²
- 重要值（Importance value）＝ 2.8916
- 重要值排序（Importance value rank）＝ 27
- 最大胸径（Max DBH）＝ 26.8cm

乔木；高可达 15m。羽状复叶连柄长达 40cm；小叶 7~9 片，长 5~12cm，宽 1.5~4cm，有时长达 25cm。圆锥花序长 15~24cm。核果球形，直径 4~5mm。花期夏季，果期 8~10 月。

Trees to 15 m tall. Leaves pinnate, 40 cm; leaflets 7-9, 5-12 cm × 1.5-4 cm, rarely to 25 cm. Panicle 15-24 cm. Drupe globose, 4-5 mm in diam. Fl. May-Jul., fr. Aug.-Oct..

树干 Trunk

叶 Leaves

枝叶 Branch and leaves

径级分布表 DBH class

胸径等级 （Diameter class） （cm）	个体数 （No. of individuals）	比例 （Proportion） （%）
<2	214	18.42
2~5	359	30.90
5~10	264	22.72
10~20	296	25.47
20~30	29	2.50
30~60	0	0.00
>60	0	0.00

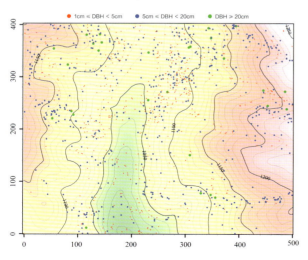

个体分布图 Distribution of individuals

038 樟叶泡花树　　*Meliosma squamulata*　　清风藤科 Sabiaceae

- 个体数（Individuals number/20hm²）= 557
- 总胸高断面积（Basal area）= 2.2193m²
- 重要值（Importance value）= 1.3804
- 重要值排序（Importance value rank）= 59
- 最大胸径（Max DBH）= 18.9cm

小乔木；高可达 15m。单叶，长 5~12cm，宽 1.5~5cm，叶面无毛，有光泽，叶背粉绿色。圆锥花序长 7~20cm，总轴、分枝、花梗、苞片均密被褐色柔毛；花白色。核果球形，直径 4~6mm。花期夏季，果期 9~10 月。

Small trees, 15 m tall. Leaves simple, 5-12 cm × 1.5-5 cm, leaf blade abaxially pale. Panicle 7-20 cm, axes, branches, pedicels, and bracts densely brownish pubescent. Petals white. Drupe globose, 4-6 mm in diam. Fl. summer, fr. Sep.-Oct..

树干 Trunk

枝叶 Branch and leaves

花 Flowers

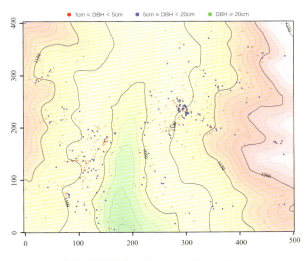

个体分布图 Distribution of individuals

径级分布表 DBH class

胸径等级 (Diameter class) (cm)	个体数 (No. of individuals)	比例 (Proportion) (%)
<2	109	19.57
2~5	233	41.83
5~10	130	23.34
10~20	85	15.26
20~30	0	0.00
30~60	0	0.00
>60	0	0.00

039 清风藤 *Sabia japonica* 清风藤科 Sabiaceae

- 个体数 （Individuals number/20hm²）＝1
- 总胸高断面积 （Basal area）＝0.0003m²
- 重要值 （Importance value）＝0.0043
- 重要值排序 （Importance value rank）＝222
- 最大胸径 （Max DBH）＝1.4cm

落叶攀缘木质藤本。叶近纸质，长3.5~9cm，宽2~4.5cm，侧脉每边3~5条。花先叶开放，单生于叶腋，花瓣5片，长3~4mm。分果爿直径约5mm。花期2~3月，果期4~7月。

Woody climbers, deciduous. Leaf blade papery, 3.5-9 cm × 2-4.5 cm, lateral veins 3-5 pairs. Flowers appearing before leaves, solitary in leaf axils, petals 5, 3-4 mm. Schizocarp ca. 5 mm in diam. Fl. Feb.-Mar., fr. Apr.-Jul..

枝叶 Branch and leaves

叶背 Leaf abaxial surface

果枝 Fruiting branches

径级分布表 DBH class

胸径等级 （Diameter class） （cm）	个体数 （No. of individuals）	比例 （Proportion） （%）
<2	1	100.00
2~5	0	0.00
5~10	0	0.00
10~20	0	0.00
20~30	0	0.00
30~60	0	0.00
>60	0	0.00

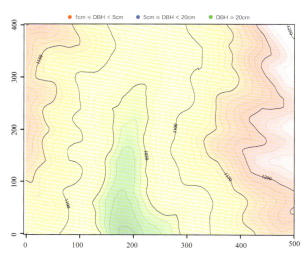
个体分布图 Distribution of individuals

040 蕈树　　　*Altingia chinensis*　　　蕈树科 Altingiaceae

- 个体数 （Individuals number/20hm²）= 992
- 总胸高断面积 （Basal area）= 9.6431m²
- 重要值 （Importance value）= 2.3540
- 重要值排序 （Importance value rank）= 32
- 最大胸径 （Max DBH）= 35.5cm

常绿乔木；高达20m。叶倒卵状矩圆形，长 7~13cm，宽 3~4.5cm。雄花短穗状花序；雌花头状花序，有花 15~26 朵。花期 5~6 月，果期 7~11 月。

Evergreen trees, 20 m tall. Leaf blade obovate-oblong, 7-13 cm × 3-4.5 cm. Male Infructescences a short spike; female infructescences capitate, 15-26-flowered. Fl. May-Jun., fr. Jul.-Nov..

树干 Trunk

果枝 Fruiting branches

花 Flowers

个体分布图 Distribution of individuals

径级分布表 DBH class

胸径等级 (Diameter class) (cm)	个体数 (No. of individuals)	比例 (Proportion) (%)
<2	146	14.72
2~5	280	28.23
5~10	213	21.47
10~20	295	29.74
20~30	54	5.44
30~60	4	0.40
>60	0	0.00

041 枫香树　　*Liquidambar formosana*　　蕈树科 Altingiaceae

- 个体数 （Individuals number/20hm²）＝415
- 总胸高断面积 （Basal area）＝11.3381m²
- 重要值 （Importance value）＝2.2339
- 重要值排序 （Importance value rank）＝37
- 最大胸径 （Max DBH）＝60.6cm

落叶乔木；高达 30m。叶基部心形，掌状 3 裂。雄性短穗状花序；雌性头状花序，萼齿长 4~8mm。头状果序直径 3~4cm。花期 5~6 月，果期 7~9 月。

Trees to 30 m tall. Leaf blade cordate at base, palmately 3-lobed. Male Infructescences a short spike; female Infructescences capitate, staminode teeth 4-8 mm. Infructescences 3-4 cm in diam. Fl. May-Jun., fr. Jul.-Sep..

整株 Whole plant

果 Fruits

果枝 Fruiting branches

径级分布表 DBH class

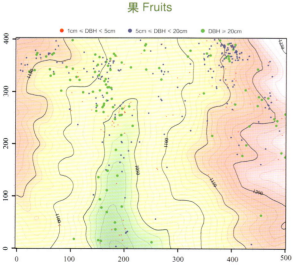

个体分布图 Distribution of individuals

胸径等级 (Diameter class) (cm)	个体数 (No. of individuals)	比例 (Proportion) (%)
<2	21	5.06
2~5	61	14.70
5~10	89	21.45
10~20	135	32.53
20~30	72	17.35
30~60	36	8.67
>60	1	0.24

042 半枫荷　　　　*Semiliquidambar cathayensis*　　　　蕈树科 Altingiaceae

- 个体数（Individuals number/20hm²）= 19
- 总胸高断面积（Basal area）= 0.3200m²
- 重要值（Importance value）= 0.1019
- 重要值排序（Importance value rank）= 162
- 最大胸径（Max DBH）= 28.2cm

常绿乔木；高约 17m。叶簇生于枝顶，不分裂或掌状 3 裂。雄花的短穗状花序常数个排成总状；雌花的头状花序单生。头状果序直径 2.5cm。

Evergreen trees, ca. 17 m tall. Leaves fascicled at top of branches, entire or palmately 3-lobed. Male inflorescences: several short spikes arranged in racemes; female inflorescence capitate, solitary. Capitate infructescences 2.5 cm in diam.

树干 Trunk

果枝 Fruiting branches

叶 Leaves

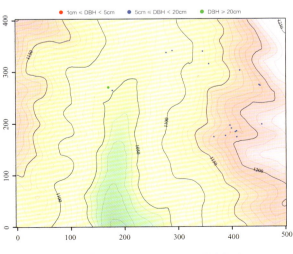

个体分布图 Distribution of individuals

径级分布表 DBH class

胸径等级 (Diameter class) (cm)	个体数 (No. of individuals)	比例 (Proportion) (%)
<2	0	0.00
2~5	2	10.53
5~10	5	26.32
10~20	11	57.89
20~30	1	5.26
30~60	0	0.00
>60	0	0.00

043 蜡瓣花 *Corylopsis sinensis* 金缕梅科 Hamamelidaceae

- 个体数 （Individuals number/20hm²）= 1
- 总胸高断面积 （Basal area）= 0.0018m²
- 重要值 （Importance value）= 0.0045
- 重要值排序 （Importance value rank）= 220
- 最大胸径 （Max DBH）= 4.8cm

落叶灌木。叶长 5~9cm，宽 3~6cm，边缘锯齿尖刺毛状。总状花序长 3~4cm; 花瓣长 5~6mm, 宽约 4mm。果序长 4~6cm; 蒴果近圆球形。

Deciduous shrubs. Leaf blade 5-9 cm × 3-6 cm, margin serrate, teeth mucronate. Raceme 3-4 cm; petals 5-6 mm. Infructescences ca. 4 cm, capsules subglobose.

果枝 Fruiting branches

叶 Leaves

枝叶 Branch and leaves

径级分布表 DBH class

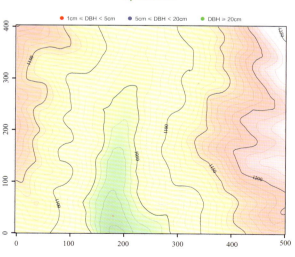

个体分布图 Distribution of individuals

胸径等级 （Diameter class） （cm）	个体数 （No. of individuals）	比例 （Proportion） （%）
<2	0	0.00
2~5	1	100.00
5~10	0	0.00
10~20	0	0.00
20~30	0	0.00
30~60	0	0.00
>60	0	0.00

044 大果马蹄荷 *Exbucklandia tonkinensis* 金缕梅科 Hamamelidaceae

- 个体数 (Individuals number/20hm²) = 1636
- 总胸高断面积 (Basal area) = 19.3510m²
- 重要值 (Importance value) = 4.5186
- 重要值排序 (Importance value rank) = 15
- 最大胸径 (Max DBH) = 50.6cm

乔木；高达 30m。叶柄长 3~5cm；叶阔卵形，长 8~13cm，宽 5~9cm。头状花序单生，或数个排成总状，有花 7~9 朵。头状果序宽 3~4cm，有蒴果 7~9 个。花期 5~7 月，果期 8~9 月。

Trees to 30 m tall. Petiole 3-5 cm; leaf blade broadly ovate, 8-13 cm × 5-9 cm. Infructescences capitate, 7-9-flowered. Infructescences 3-4 cm, with 7-9 capsules. Fl. May-Jul., fr. Aug.-Sep..

树干 Trunk

叶 Leaves

花枝 Flowering branches

径级分布表 DBH class

胸径等级 (Diameter class) (cm)	个体数 (No. of individuals)	比列 (Proportion) (%)
<2	134	8.19
2~5	397	24.27
5~10	399	24.39
10~20	549	33.56
20~30	149	9.11
30~60	8	0.49
>60	0	0.00

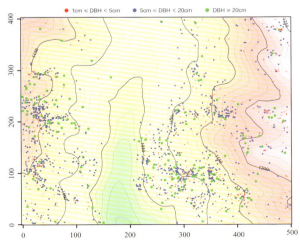

个体分布图 Distribution of individuals

045 交让木　　*Daphniphyllum macropodum*　　虎皮楠科 Daphniphyllaceae

- 个体数（Individuals number/20hm²）= 133
- 总胸高断面积（Basal area）= 1.3659m²
- 重要值（Importance value）= 0.5957
- 重要值排序（Importance value rank）= 102
- 最大胸径（Max DBH）= 23.6cm

灌木或小乔木。小枝具圆形大叶痕。叶革质，长圆形至倒披针形；叶柄紫红色。总状花序腋生；无萼片。果椭圆形，具疣状皱褶。花期3~5月，果期8~10月。

Shrubs or small trees. Branchlets with orbicular leaf scars. Leaf blade leathery, oblong or oblanceolate; petiole purplish red. Raceme axillary, calyx absent. Fruit ellipsoidal, tuberculate. Fl. Mar.-May, fr. Aug.-Oct..

花 Flowers

枝叶 Branch and leaves

果枝 Fruiting branches

径级分布表 DBH class

胸径等级 (Diameter class) (cm)	个体数 (No. of individuals)	比例 (Proportion) (%)
<2	10	7.52
2~5	28	21.05
5~10	33	24.81
10~20	57	42.86
20~30	5	3.76
30~60	0	0.00
>60	0	0.00

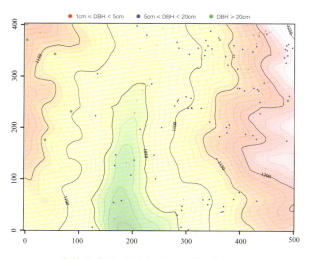

- 1cm ≤ DBH < 5cm　● 5cm ≤ DBH < 20cm　● DBH ≥ 20cm

个体分布图 Distribution of individuals

046 虎皮楠　　*Daphniphyllum oldhami*　　虎皮楠科 Daphniphyllaceae

- 个体数（Individuals number/20hm²）= 1128
- 总胸高断面积（Basal area）= 6.9464m²
- 重要值（Importance value）= 2.7414
- 重要值排序（Importance value rank）= 28
- 最大胸径（Max DBH）= 32.9cm

乔木；高 5~10m。叶柄长 3.5~5cm；叶长圆状披针形，长 11~13cm, 宽 3~4.5cm。雄花花序 2~4cm；雌花花序 4~6cm。果序长 6~7cm, 果梗长约 10mm。花期 3~5 月，果期 8~11 月。

Trees to 5-10 m tall. Petiole 3.5-5 cm; leaf blade oblong-lanceolate, 11-13 cm × 3-4.5 cm. Male Infructescences 2-4 cm; female Infructescences 4-6 cm. Infructescences 6-7 cm, fruiting pedicel ca. 10 mm. Fl. Mar.-May, fr. Aug.-Nov..

果 Fruits

叶 Leaves

果枝 Fruiting branches

径级分布表 DBH class

胸径等级 (Diameter class) (cm)	个体数 (No. of individuals)	比例 (Proportion) (%)
<2	288	25.53
2~5	378	33.51
5~10	201	17.82
10~20	218	19.33
20~30	42	3.72
30~60	1	0.09
>60	0	0.00

1cm ≤ DBH < 5cm　　5cm ≤ DBH < 20cm　　DBH ≥ 20cm

个体分布图 Distribution of individuals

047 鼠刺　　　　*Itea chinensis*　　　　鼠刺科 Iteaceae

- 个体数 （Individuals number/20hm²）= 1408
- 总胸高断面积 （Basal area）= 0.9390m²
- 重要值 （Importance value）= 2.1734
- 重要值排序 （Importance value rank）= 39
- 最大胸径 （Max DBH）= 14.6cm

常绿灌木或小乔木。叶薄革质，倒卵形，侧脉 4~5 对，边缘上部具小齿。总状花序腋生；花瓣披针形。蒴果长圆状披针形。花期 3~5 月，果期 5~12 月。

Evergreen shrubs or small trees. Leaf blade thinly leathery, obovate, lateral veins 4 or 5 pairs, arcuate curved upward. Racemes axillary, petals lanceolate. Capsule oblong-lance-olate. Fl. Mar.-May, fr. May-Dec..

花枝 Flowering branches

叶 Leaves

果枝 Fruiting branches

径级分布表 DBH class

胸径等级 （Diameter class） （cm）	个体数 （No. of individuals）	比例 （Proportion） （%）
<2	738	52.41
2~5	591	41.97
5~10	74	5.26
10~20	5	0.36
20~30	0	0.00
30~60	0	0.00
>60	0	0.00

个体分布图 Distribution of individuals

（图例：● 1cm ≤ DBH < 5cm　● 5cm ≤ DBH < 20cm　● DBH ≥ 20cm）

048 山槐　　　　*Albizia kalkora*　　　　豆科 Fabaceae

- 个体数（Individuals number/20hm²）＝276
- 总胸高断面积（Basal area）＝6.7435m²
- 重要值（Importance value）＝1.5638
- 重要值排序（Importance value rank）＝49
- 最大胸径（Max DBH）＝38.1cm

乔木或灌木。二回羽状复叶；羽片 2~4 对；小叶 5~14 对，长 1.8~4.5cm，宽 7~20mm。头状花序 2~7 枚生叶腋，或于枝顶排成圆锥花序。荚果长 7~17cm，宽 1.5~3cm。花期 5~6 月，果期 8~10 月。

Trees or shrubs. Leaves bipinnate; pinnae 2-4 pairs; leaflets 5-14 pairs, 1.8-4.5 cm × 7-20 mm. Heads 2-7, axillary or terminal, arranged in panicles. Legume 7-17 cm × 1.5-3 cm. Fl. May-Jun., fr. Aug.-Oct..

树干 Trunk

叶 Leaves

花 Flowers

径级分布表 DBH class

胸径等级 (Diameter class) (cm)	个体数 (No. of individuals)	比例 (Proportion) (%)
<2	10	3.62
2~5	19	6.88
5~10	39	14.13
10~20	134	48.55
20~30	66	23.91
30~60	8	2.90
>60	0	0.00

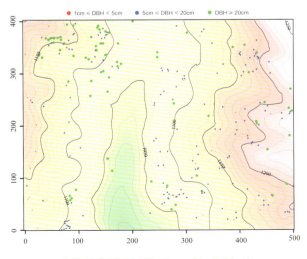

个体分布图 Distribution of individuals

049 秧青　　　*Dalbergia assamica*　　　豆科 Fabaceae

- 个体数（Individuals number/20hm²）= 64
- 总胸高断面积（Basal area）= 0.5858m²
- 重要值（Importance value）= 0.2404
- 重要值排序（Importance value rank）= 133
- 最大胸径（Max DBH）= 29.8cm

乔木；高 7~10m。小叶 6~10 对，长圆形，长 3~5cm。圆锥花序长 5~10cm；花萼钟状，萼齿 5。荚果阔舌状；种子 1 颗，有时 2~4 颗。花期 4~7 月，果期 9~12 月。

Trees to 7-10 m tall. Leaflets 6-10-paired, oblong, 3-5 cm. Panicles 5-10 cm; calyx campanulate, 5-toothed. Legume broadly ligulate; with 1 or 2-4 seeds. Fl. Apr.-Jul., fr. Sep.-Dec..

树干 Trunk

枝叶 Branch and leaves

花 Flowers

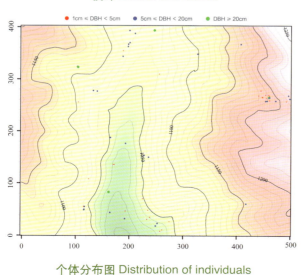
个体分布图 Distribution of individuals

径级分布表 DBH class

胸径等级 (Diameter class) (cm)	个体数 (No. of individuals)	比例 (Proportion) (%)
<2	18	28.13
2~5	12	18.75
5~10	13	20.31
10~20	17	26.56
20~30	4	6.25
30~60	0	0.00
>50	0	0.00

050 钟花樱 *Prunus campanulata* 蔷薇科 Rosaceae

- 个体数（Individuals number/20hm²）= 164
- 总胸高断面积（Basal area）= 0.8010m²
- 重要值（Importance value）= 0.6541
- 重要值排序（Importance value rank）= 92
- 最大胸径（Max DBH）= 23.2cm

乔木或灌木。叶卵形，长 4~7cm，宽 2~3.5cm；叶柄长 8~13mm。伞形花序有花 2~4 朵，先叶开放；花径 1.5~2cm。核果卵球形，纵长约 1cm，横径 5~6mm。花期 2~3 月，果期 4~5 月。

Trees or shrubs. Leaf blade ovate, 4-7 cm × 2-3.5 cm; petiole 8-13 mm. Umbels 2-4-flowered, flowers appearing before leaves; 1.5-2 cm in diam. Drupe ovoid, 1 cm × 5-6 mm. Fl. Feb.-Mar., fr. Apr.-May.

树干 Trunk

果枝 Fruiting branches

花 Flowers

径级分布表 DBH class

胸径等级 (Diameter class) (cm)	个体数 (No. of individuals)	比例 (Proportion) (%)
<2	24	14.63
2~5	68	41.46
5~10	43	26.22
10~20	27	16.46
20~30	2	1.22
30~60	0	0.00
>60	0	0.00

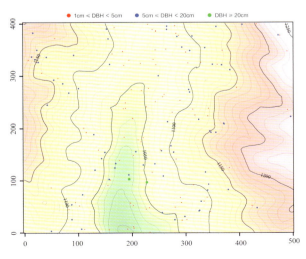

个体分布图 Distribution of individuals

1cm ≤ DBH < 5cm   5cm ≤ DBH < 20cm   DBH ≥ 20cm

051 腺叶桂樱　　*Prunus phaeosticta*　　蔷薇科 Rosaceae

- 个体数（Individuals number/20hm²）= 245
- 总胸高断面积（Basal area）= 0.3106m²
- 重要值（Importance value）= 0.5603
- 重要值排序（Importance value rank）= 105
- 最大胸径（Max DBH）= 18.2cm

常绿灌木或小乔木；高 4~12m。叶互生，狭椭圆形，长 6~12cm，下面散生腺点，基部 2 腺体。总状花序。果实近球形。花期 4~5 月，果期 7~10 月。

Evergreen shrubs or trees, 4-12 m tall. Leaves alternate, narrowly elliptic, 6-12 cm, abaxially scattered glandular punctate, base with 2 nectaries. Infructescences racemose. Fruit subglobose. Fl. Apr.-May, fr. Jul.-Oct..

花枝 Flowering branches

叶 Leaves

果 Fruits

径级分布表 DBH class

胸径等级 （Diameter class） （cm）	个体数 （No. of individuals）	比例 （Proportion） （%）
<2	108	44.08
2~5	109	44.49
5~10	21	8.57
10~20	7	2.86
20~30	0	0.00
30~60	0	0.00
>60	0	0.00

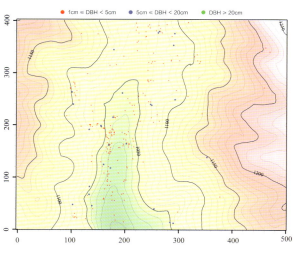

个体分布图 Distribution of individuals

052 刺叶桂樱　　*Prunus spinulosa*　　蔷薇科 Rosaceae

- 个体数（Individuals number/20hm²）= 80
- 总胸高断面积（Basal area）= 0.1229m²
- 重要值（Importance value）= 0.2354
- 重要值排序（Importance value rank）= 135
- 最大胸径（Max DBH）= 22.8cm

常绿乔木。叶长圆形，长 5~10cm，宽 2~4.5cm，常具 1 或 2 对基腺。总状花序具花 10 朵以上，长 5~10cm。果实椭圆形，长 8~11mm，宽 6~8mm。花期 9~10 月，果期 11 月至翌年 3 月。

Evergreen tree. Leaf blade oblong, 5-10 cm × 2-4.5 cm, with 1 or 2 pairs of basal nectaries. Racemes 10-flowered or more, 5-10 cm. Fruit ellipsoid, 8–11 mm × 6–8 mm. Fl. Sep.-Oct., fr. Sep.-Mar..

果枝 Fruiting branches

叶 Leaves

果 Fruit

径级分布表 DBH class

胸径等级 (Diameter class) (cm)	个体数 (No. of individuals)	比例 (Proportion) (%)
<2	39	48.75
2~5	29	36.25
5~10	10	12.50
10~20	1	1.25
20~30	1	1.25
30~60	0	0.00
>60	0	0.00

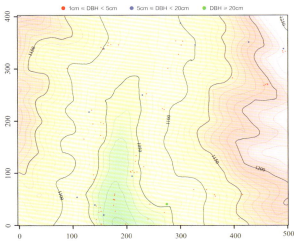

个体分布图 Distribution of individuals

053 钝齿尖叶桂樱　　*Prunus undulata*　　蔷薇科 Rosaceae

- 个体数（Individuals number/20hm²）= 13
- 总胸高断面积（Basal area）= 0.0126m²
- 重要值（Importance value）= 0.0426
- 重要值排序（Importance value rank）= 184
- 最大胸径（Max DBH）= 6.2cm

常绿乔木。叶边具稀疏浅钝锯齿，基部近圆形。总状花序具花10朵以上，长5~10cm，无毛。果实椭圆形，长8~11mm，宽6~8mm。花期8~10月，果期冬季至翌年春季。

Evergreen tree. Leaf margin sparsely denticulate, base subrounded. Racemes 10-flowered or more, 5-10cm, glabrous. Fruit ellipsoid, 8–11 mm × 6–8 mm. Fl. Aug.-Oct., fr. winter to spring of following year.

花枝 Flowering branches

叶背 Leaf abaxial surface

果枝 Fruiting branches

径级分布表 DBH class

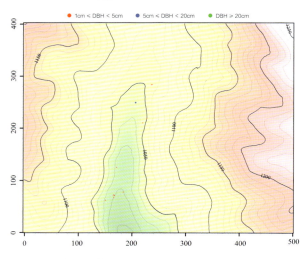

个体分布图 Distribution of individuals

胸径等级 (Diameter class) (cm)	个体数 (No. of individuals)	比例 (Proportion) (%)
<2	6	46.15
2~5	6	46.15
5~10	1	7.69
10~20	0	0.00
20~30	0	0.00
30~60	0	0.00
>50	0	0.00

054 香花枇杷 *Eriobotrya fragrans* 蔷薇科 Rosaceae

- 个体数 (Individuals number/20hm²) = 890
- 总胸高断面积 (Basal area) = 1.1164m²
- 重要值 (Importance value) = 1.5432
- 重要值排序 (Importance value rank) = 51
- 最大胸径 (Max DBH) = 30.8cm

小乔木或灌木。单叶互生，长圆状椭圆形，长7~15cm，侧脉 9~11 对。圆锥花序；花瓣白色。果实球形，表面颗粒状突起。花期 4~5 月，果期 8~9 月。

Small trees or shrubs. Leaves alternate, oblong-elliptic, 7-15 cm, lateral veins 9-11 pairs. Infructescences paniculate, pedals white. Fruit globose, granular-punctate. Fl. Apr.-May, fr. Aug.-Sep..

花 Flowers

叶 Leaves

果枝 Fruiting branches

径级分布表 DBH class

胸径等级 (Diameter class) (cm)	个体数 (No. of individuals)	比例 (Proportion) (%)
<2	381	42.81
2~5	409	45.96
5~10	80	8.99
10~20	19	2.13
20~30	0	0.00
30~60	1	0.11
>60	0	0.00

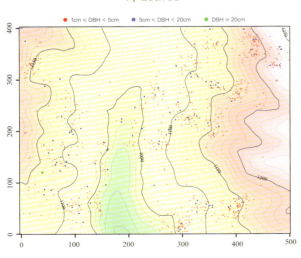

个体分布图 Distribution of individuals

055 台湾林檎　　*Malus doumeri*　　蔷薇科 Rosaceae

- 个体数 （Individuals number/20hm²）= 5
- 总胸高断面积 （Basal area）= 0.0280m²
- 重要值 （Importance value）= 0.0253
- 重要值排序 （Importance value rank）= 199
- 最大胸径 （Max DBH）= 11.7cm

乔木；高达 15m。叶片长椭卵形至卵状披针形，长 9~15cm，宽 4~6.5cm。花序近似伞形，有花 4~5 朵，花直径 2.5~3cm。果实球形，直径 4~5.5cm，黄红色。花期 5 月，果期 8~9 月

Evergreen tree, 15 m tall. Leaf blade narrowly elliptic to ovate-lanceolate, 9-15 cm × 4-6.5 cm. Inflorescences umbel-like, 4- or 5-flowered, flowers 2.5-3 cm in diam. Fruits globose, 4-5.5 cm in diam, yellowish red. Fl. May, fr. Aug.-Sep..

整株 Whole plant

果枝 Fruiting branches

枝叶 Branch and leaves

径级分布表 DBH class

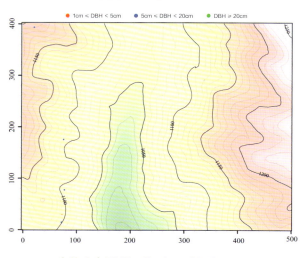

个体分布图 Distribution of individuals

胸径等级 （Diameter class） （cm）	个体数 （No. of individuals）	比例 （Proportion） （%）
<2	1	20.00
2~5	0	0.00
5~10	3	60.00
10~20	1	20.00
20~30	0	0.00
30~60	0	0.00
>60	0	0.00

056 光叶石楠 *Photinia glabra* 蔷薇科 Rosaceae

- 个体数（Individuals number/20hm²）= 444
- 总胸高断面积（Basal area）= 0.5334m²
- 重要值（Importance value）= 1.3001
- 重要值排序（Importance value rank）= 61
- 最大胸径（Max DBH）= 13.6cm

灌木或小乔木。叶长圆披针形或长椭圆形，长6~11cm，宽2~5.5cm。复伞房花序直径5~7cm；花瓣白色，直径约4mm。果实卵形，长约5mm。花期5月，果期10月。

Small trees or shrubs. Leaf blade oblong-lanceolate or oblong-elliptic, 6-11 cm × 2-5.5 cm. Compound corymbs 5-7 cm in diam; petals white, 4 mm in diam. Fruits ovoid, ca. 5 mm. Fl. May, fr. Oct..

花枝 Flowering branches

叶背 Leaf abaxial surface

果 Fruits

径级分布表 DBH class

胸径等级 （Diameter class） （cm）	个体数 （No. of individuals）	比例 （Proportion） （%）
<2	206	46.40
2~5	185	41.67
5~10	47	10.59
10~20	6	1.35
20~30	0	0.00
30~60	0	0.00
>60	0	0.00

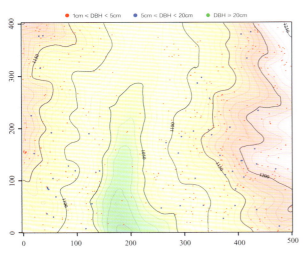

个体分布图 Distribution of individuals

057 绒毛石楠 *Photinia schneideriana* 蔷薇科 Rosaceae

- 个体数 （Individuals number/20hm²）= 85
- 总胸高断面积 （Basal area）= 0.1635m²
- 重要值 （Importance value）= 0.3231
- 重要值排序 （Importance value rank）= 129
- 最大胸径 （Max DBH）= 13.9cm

灌木或小乔木。叶长圆披针形或长椭圆形，长6~11cm，宽2~5.5cm。复伞房花序顶生，直径5~7cm；花瓣白色，直径约4mm。果实卵形，长10mm，直径约8mm。花期5月，果期10月。

Small trees or shrubs. Leaf blade oblong-lanceolate or oblong-elliptic, 6-11 cm × 2-5.5 cm. Compound corymbs terminal, 5-7 cm in diam; petals white, ca. 4 mm in diam. Fruits ovoid, 10 × 8 mm. Fl. May, fr. Oct..

树干 Trunk

叶背 Leaf abaxial surface

果枝 Fruiting branches

径级分布表 DBH class

胸径等级 （Diameter class） （cm）	个体数 （No. of individuals）	比例 （Proportion） （%）
<2	22	25.88
2~5	41	48.24
5~10	20	23.53
10~20	2	2.35
20~30	0	0.00
30~60	0	0.00
>60	0	0.00

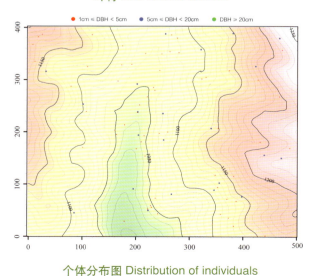

个体分布图 Distribution of individuals

058 毛叶石楠 *Photinia villosa* 蔷薇科 Rosaceae

- 个体数 (Individuals number/20hm²) = 111
- 总胸高断面积 (Basal area) = 0.1677m²
- 重要值 (Importance value) = 0.3845
- 重要值排序 (Importance value rank) = 123
- 最大胸径 (Max DBH) = 15.7cm

落叶灌木或小乔木。叶片草质，长3~8cm，宽2~4cm，边缘上部密生尖锐锯齿。花10~20朵，成顶生伞房花序。果顶端有直立宿存萼片。花期4月，果期8~9月。

Deciduous shrubs or trees. Leaf blade herbaceous, 3-8 cm × 2-4 cm, margin densely sharply serrate apically. Infructescences corymbose, 10-20 flowered. Top of fruits with erect persistent sepals. Fl. Apr., fr. Aug.-Sep..

树干 Trunk

叶 Leaves

花 Flowers

径级分布表 DBH class

胸径等级 (Diameter class) (cm)	个体数 (No. of individuals)	比例 (Proportion) (%)
<2	53	47.75
2~5	40	36.04
5~10	16	14.41
10~20	2	1.80
20~30	0	0.00
30~60	0	0.00
>60	0	0.00

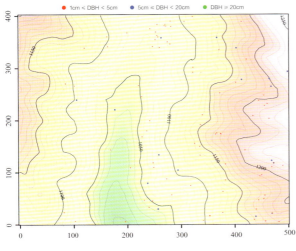

个体分布图 Distribution of individuals

○ 1cm ≤ DBH < 5cm　● 5cm ≤ DBH < 20cm　● DBH ≥ 20cm

059 石斑木　　　*Rhaphiolepis indica*　　　蔷薇科 Rosaceae

- 个体数 （Individuals number/20hm²）＝ 85
- 总胸高断面积 （Basal area）＝ 0.2054m²
- 重要值 （Importance value）＝ 0.6020
- 重要值排序 （Importance value rank）＝ 101
- 最大胸径 （Max DBH）＝ 9.7cm

灌木。叶常聚生枝顶，卵形，长 2~8cm，宽 1.5~4cm，边缘具细锯齿；叶柄长 5~18mm。圆锥或总状花序顶生；花瓣 5。果球形。花期 4 月，果期 7~8 月。

Shrubs. Leaf blade usually clustered at apex of branchlet, ovate, 2-8 cm × 1.5-4 cm, margin serrate; petiole 5-18 mm. Panicle or racemes terminal; petals 5. Fruits globose. Fl. Apr., fr. Jul.-Aug..

花 Flowers

叶背 Leaf abaxial surface

果枝 Fruiting branches

径级分布表 DBH class

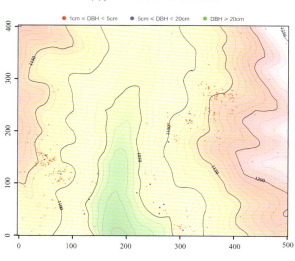
个体分布图 Distribution of individuals

胸径等级 (Diameter class) (cm)	个体数 (No. of individuals)	比例 (Proportion) (%)
<2	22	25.88
2~5	41	48.24
5~10	20	23.53
10~20	2	2.35
20~30	0	0.00
30~60	0	0.00
>60	0	0.00

060 木莓　　*Rubus swinhoei*　　蔷薇科 Rosaceae

- 个体数（Individuals number/20hm²）= 2
- 总胸高断面积（Basal area）= 0.0005m²
- 重要值（Importance value）= 0.0129
- 重要值排序（Importance value rank）= 208
- 最大胸径（Max DBH）= 1.8cm

落叶或半常绿灌木。单叶，叶形变化较大，长5~11cm，宽2.5~5cm。花常5~6朵，成总状花序；萼片在果期反折。果实球形，直径1~1.5cm。花期5~6月，果期7~8月。

Deciduous or semievergreen shrubs. Leaves simple, variable in shape, 5-11 cm × 2.5-5 cm. Racemes 5-6-flowered; sepals reflexed in fruit. Fruits globose, 1-1.5 cm in diam. Fl. May-Jun., fr. Jul.-Aug..

叶 Leaves

叶背 Leaf abaxial surface

花枝 Flowering branches

径级分布表 DEH class

胸径等级 (Diameter class) (cm)	个体数 (No. of individuals)	比例 (Proportion) (%)
<2	2	100.00
2~5	0	0.00
5~10	0	0.00
10~20	0	0.00
20~30	0	0.00
30~60	0	0.00
>60	0	0.00

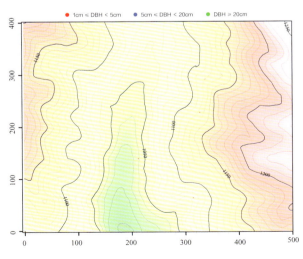

个体分布图 Distribution of individuals

061 水榆花楸 *Sorbus alnifolia* 蔷薇科 Rosaceae

- 个体数 （Individuals number/20hm²）= 1
- 总胸高断面积 （Basal area）= 0.0002m²
- 重要值 （Importance value）= 0.0043
- 重要值排序 （Importance value rank）= 225
- 最大胸径 （Max DBH）= 1.6cm

乔木；高达 20m。叶片卵形至椭圆卵形，长 5~10cm，宽 3~6cm。复伞房花序较疏松，具花 6~25 朵。果实椭圆形或卵形，直径 7~10mm，长 10~13mm。花期 5 月，果期 8~9 月。

Trees to 20 m tall. Leaf blade leaf blade ovate to elliptic-ovate, 5-10 cm × 3-6 cm. Compound corymbs loosely 6-25-flowered. Fruit oblong or ovoid, 10-13 mm × 7-10 mm. Fl. May, fr. Aug.-Sep..

树干 Trunk

叶 Leaves

叶背 Leaf abaxial surface

径级分布表 DBH class

胸径等级 （Diameter class） （cm）	个体数 （No. of individuals）	比例 （Proportion） （%）
<2	1	100.00
2~5	0	0.00
5~10	0	0.00
10~20	0	0.00
20~30	0	0.00
30~60	0	0.00
>60	0	0.00

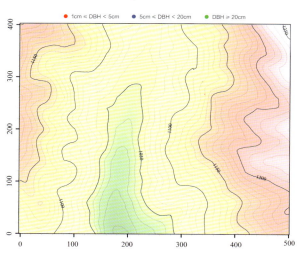

● 1cm ≤ DBH < 5cm ● 5cm ≤ DBH < 20cm ● DBH ≥ 20cm

个体分布图 Distribution of individuals

062 石灰花楸　　*Sorbus folgneri*　　蔷薇科 Rosaceae

- 个体数（Individuals number/20hm²）= 16
- 总胸高断面积（Basal area）= 0.0785m²
- 重要值（Importance value）= 0.0699
- 重要值排序（Importance value rank）= 174
- 最大胸径（Max DBH）= 19.8cm

乔木。叶卵形至椭圆卵形，长 5~8cm，宽 2~3.5cm，下面密被白色茸毛。复伞房花序；花径 7~10mm；花瓣长 3~4mm，宽 3~3.5mm。果椭圆形，直径 6~7mm。花期 4~5 月，果期 7~8 月。

Trees. Leaf blade ovate to elliptic, 5-8 cm × 2-3.5 cm, abaxially densely white tomentose. Compound corymbs, flowers 7-10 mm in diam. Petals 3-4 mm × 3-3.5 mm. Fruit elliptic, 6-7 mm in diam.Fl. Apr.-May, fr. Jul.-Aug..

树干 Trunk

叶 Leaves

叶背 Leaf abaxial surface

径级分布表 DBH class

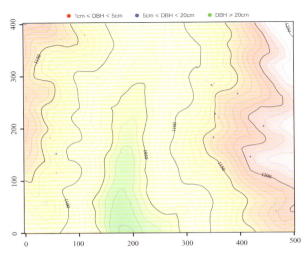

个体分布图 Distribution of individuals

胸径等级 （Diameter class） （cm）	个体数 （No. of individuals）	比例 （Proportion） （%）
<2	4	25.00
2~5	5	31.25
5~10	4	25.00
10~20	3	18.75
20~30	0	0.00
30~60	0	0.00
>60	0	0.00

063 蔓胡颓子　　　*Elaeagnus glabra*　　　胡颓子科 Elaeagnaceae

- 个体数（Individuals number/20hm²）＝2
- 总胸高断面积（Basal area）＝0.0004m²
- 重要值（Importance value）＝0.0086
- 重要值排序（Importance value rank）＝212
- 最大胸径（Max DBH）＝2.2cm

常绿蔓生或攀缘灌木。叶长 4~12cm，宽 2.5~5cm，边缘微反卷。花下垂，密被银白色和散生少数褐色鳞片。果矩圆形，长 14~19mm，被锈色鳞片。花期 9~11 月，果期翌年 4~5 月。

Evergreen scandent or creeping shrubs. Leaf blade 4-12 cm × 2.5-5 cm, margin slightly involute. Flowers pendulous, with dense silvery scales and scattered brown scales. Fruit oblong, 14-19 mm, with rust-colored scales. Fl. Sep.-Nov., fr. Apr.-May.

果枝 Fruiting branches

叶背 Leaf abaxial surface

果 Fruits

径级分布表 DBH class

胸径等级 （Diameter class） （cm）	个体数 （No. of individuals）	比例 （Proportion） （%）
<2	1	50.00
2~5	1	50.00
5~10	0	0.00
10~20	0	0.00
20~30	0	0.00
30~60	0	0.00
>60	0	0.00

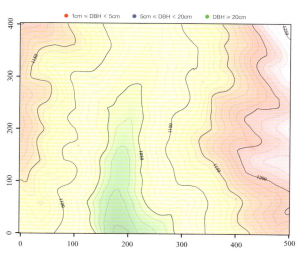

个体分布图 Distribution of individuals

- 1cm ≤ DBH < 5cm
- 5cm ≤ DBH < 20cm
- DBH ≥ 20cm

064 枳椇　　　　　*Hovenia acerba*　　　　鼠李科 Rhamnaceae

- 个体数（Individuals number/20hm²）= 113
- 总胸高断面积（Basal area）= 2.1178m²
- 重要值（Importance value）= 0.5701
- 重要值排序（Importance value rank）= 104
- 最大胸径（Max DBH）= 41.3cm

高大乔木；高 10~25m。叶互生，宽卵形，长 8~17cm，边缘常具锯齿。二歧式聚伞圆锥花序顶生和腋生。浆果状核果近球形。花期 5~7 月，果期 8~10 月。

Large trees, 10-25 m tall. Leaf blade alternate, broadly ovate, 8-17 cm, margin usually serrulate. Dichasial cymose panicles terminal or axillary. Berry-like drupe subglobose. Fl. May-Jul., fr. Aug.-Oct..

树干 Trunk

枝叶 Branch and leaves

果 Fruits

径级分布表 DBH class

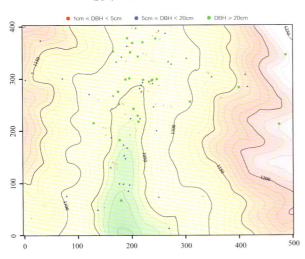

个体分布图 Distribution of individuals

胸径等级 (Diameter class) (cm)	个体数 (No. of individuals)	比例 (Proportion) (%)
<2	17	15.04
2~5	28	24.78
5~10	16	14.16
10~20	27	23.89
20~30	20	17.70
30~60	5	4.42
>60	0	0.00

065 山绿柴　　*Rhamnus brachypoda*　　鼠李科 Rhamnaceae

- 个体数（Individuals number/20hm²）= 1
- 总胸高断面积（Basal area）= 0.0001m²
- 重要值（Importance value）= 0.0043
- 重要值排序（Importance value rank）= 227
- 最大胸径（Max DBH）= 1.2cm

多刺灌木；高 1.5~3m。叶互生或在短枝上簇生，长 3~10cm，宽 1.5~4.5cm，边缘有钩状内弯的锯齿。花单性，4 基数。核果直径 6~7mm。花期 5~6 月，果期 7~11 月。

Spinescent shrubs, 1.5-3 m tall. Leaves alternate or fascicled on short shoots, 3-10 cm × 1.5-4.5 cm, margin hooked incurved-serrate. Flowers unisexual, 4-merous. Drupe 6-7 mm in diam. Fl. May-Jun., fr. Jul.-Nov..

花枝 Flowering branches

叶 Leaves

果枝 Fruiting branches

径级分布表 DBH class

胸径等级 (Diameter class) (cm)	个体数 (No. of individuals)	比例 (Proportion) (%)
<2	1	100.00
2~5	0	0.00
5~10	0	0.00
10~20	0	0.00
20~30	0	0.00
30~60	0	0.00
>60	0	0.00

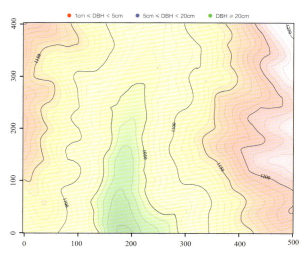
个体分布图 Distribution of individuals

066 朴树　　　*Celtis sinensis*　　　大麻科 Cannabaceae

- 个体数（Individuals number/20hm²）= 36
- 总胸高断面积（Basal area）= 0.4436m²
- 重要值（Importance value）= 0.1703
- 重要值排序（Importance value rank）= 148
- 最大胸径（Max DBH）= 39.8cm

落叶乔木。单叶互生，卵形，长 3~10cm，宽 3.5~6cm，基部明显三出脉。花具柄；萼片覆瓦状排列。核果直径 5~7mm；柄长 5~10mm。花期 3~4 月，果期 9~10 月。

Deciduous trees. leaf blade alternate, ovate, 3-10 cm × 3.5-6 cm, triplinerved. Flowers with stalk, sepals imbricate. Drupe 5-7 mm in diam, fruiting pedicel 5-10 mm. Fl. Mar.-Apr., fr. Sep.-Oct..

树干 Trunk

花 Flowers

果枝 Fruiting branches

径级分布表 DBH class

胸径等级 （Diameter class） （cm）	个体数 （No. of individuals）	比例 （Proportion） （%）
<2	10	27.78
2~5	11	30.56
5~10	7	19.44
10~20	5	13.89
20~30	0	0.00
30~60	3	8.33
>60	0	0.00

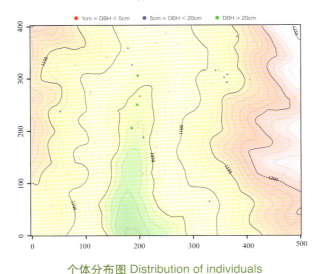

个体分布图 Distribution of individuals

067 西川朴 *Celtis vandervoetiana* 大麻科 Cannabaceae

- 个体数 （Individuals number/20hm²）= 205
- 总胸高断面积 （Basal area）= 1.0117m²
- 重要值 （Importance value）= 0.4570
- 重要值排序 （Importance value rank）= 119
- 最大胸径 （Max DBH）= 36.8cm

落叶乔木；高达 20m。叶长 8~13cm，宽 3.5~7.5cm，基部稍不对称。花被片 4~5，仅基部稍合生。果单生叶腋，长 17~35mm。花期 4 月，果期 9~10 月。

Deciduous tree, 20 m tall. Leaf blade 8-13 cm × 3.5-7.5 cm, base slightly asymmetrical. Tepals 4-5, slightly connate at base. Fruit solitary in leaf axil, 17-35 mm. Fl. Apr, fr. Sep.-Oct..

花枝 Flowering branches

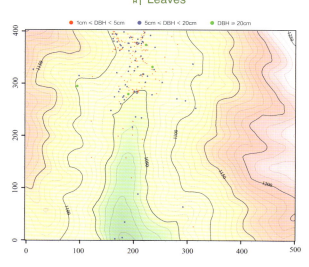

叶 Leaves

枝叶 Branch and leaves

径级分布表 DBH class

胸径等级 （Diameter class） （cm）	个体数 （No. of individuals）	比例 （Proportion） （%）
<2	45	21.95
2~5	83	40.49
5~10	48	23.41
10~20	25	12.20
20~30	2	0.98
30~60	2	0.98
>60	0	0.00

个体分布图 Distribution of individuals

068 狭叶山黄麻 *Trema angustifolia* 大麻科 Cannabaceae

- 个体数（Individuals number/20hm²）= 1
- 总胸高断面积（Basal area）= 0.0003m²
- 重要值（Importance value）= 0.0043
- 重要值排序（Importance value rank）= 223
- 最大胸径（Max DBH）= 1.8cm

灌木或小乔木。叶卵状披针形，狭小，长4~8cm，宽8~20mm，基部圆钝，背密被短柔毛。数朵花组成小聚伞花序。核果微压扁。花期4~6月，果期8~11月。

Shrubs or small trees. leaf blade obovate-lanceolate, narrow, 4-8 cm × 8-20 mm, base Densely tomentose abaxially. Several flowers clustered in cymelets. Drupes compressed. Fl. Apr.-Jun., fr. Aug.-Nov..

果枝 Fruiting branches

叶 Leaves

花 Flowers

径级分布表 DBH class

胸径等级 (Diameter class) (cm)	个体数 (No. of individuals)	比例 (Proportion) (%)
<2	1	100.00
2~5	0	0.00
5~10	0	0.00
10~20	0	0.00
20~30	0	0.00
30~60	0	0.00
>60	0	0.00

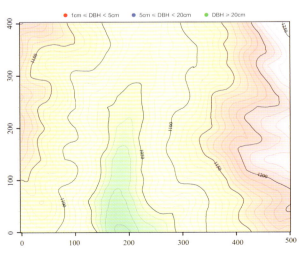

个体分布图 Distribution of individuals

069 矮小天仙果　　*Ficus erecta*　　桑科 Moraceae

- 个体数（Individuals number/20hm²）= 12
- 总胸高断面积（Basal area）= 0.0145m²
- 重要值（Importance value）= 0.0455
- 重要值排序（Importance value rank）= 183
- 最大胸径（Max DBH）= 4.5cm

落叶灌木；高 3~4m。叶柄长 1~4cm，无毛或被短柔毛；叶倒卵状椭圆形，长 7~25cm，宽 4~10cm。榕果单生叶腋，直径 1~1.5cm。瘿花花被片 3~5。花果期 5~6 月。

Deciduous trees or shrubs, 3-4 m tall. Petiole 1-4 cm, glabrous or pubescent; leaf blade obovate-elliptic, 7-25 × 4-10 cm. Figs solitary in leaf axil, 1-1.5 cm in diam. Gall flowers with 3-5 tepals. Fl. and fr. May-Jun..

树干 Trunk

叶 Leaves

果枝 Fruiting branches

径级分布表 DBH class

胸径等级 (Diameter class) (cm)	个体数 (No. of individuals)	比例 (Proportion) (%)
<2	4	33.33
2~5	8	66.67
5~10	0	0.00
10~20	0	0.00
20~30	0	0.00
30~60	0	0.00
>60	0	0.00

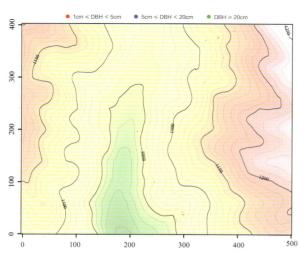

个体分布图 Distribution of individuals

070 异叶榕 — *Ficus heteromorpha* — 桑科 Moraceae

- 个体数（Individuals number/20hm²）＝92
- 总胸高断面积（Basal area）＝0.0274m²
- 重要值（Importance value）＝0.3119
- 重要值排序（Importance value rank）＝130
- 最大胸径（Max DBH）＝5.4cm

落叶灌木或乔木。叶柄红色；叶多形，长10~18cm，宽2~7cm。榕果成对生短枝叶腋，直径6~10mm; 雄花花被片4~5；瘿花花被片5~6。瘦果光滑。花期4~5月，果期5~7月。

Deciduous trees or shrubs. Petiole red; leaf blade variable in shape, 10-18 cm × 2-7 cm. Figs axillary on short branchlets, paired, 6-10 mm in diam; male flowers: tepals 4-5; gall flowers: tepals 5-6. Achenes smooth. Fl. Apr.-May, fr. May-Jul..

果 Fruits

叶 Leaves

叶背 Leaf abaxial surface

径级分布表 DBH class

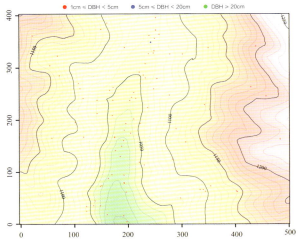

个体分布图 Distribution of individuals

胸径等级 (Diameter class) (cm)	个体数 (No. of individuals)	比例 (Proportion) (%)
<2	72	78.26
2~5	19	20.65
5~10	1	1.09
10~20	0	0.00
20~30	0	0.00
30~60	0	0.00
>60	0	0.00

071 构棘　　　*Maclura cochinchinensis*　　　桑科 Moraceae

- 个体数（Individuals number/20hm²）= 15
- 总胸高断面积（Basal area）= 0.0043m²
- 重要值（Importance value）= 0.0507
- 重要值排序（Importance value rank）= 180
- 最大胸径（Max DBH）= 2.7cm

直立或攀缘状灌木。叶椭圆状披针形或长圆形，长3~8cm，宽2~2.5cm。花雌雄异株，雌雄花序均为具苞片的球形头状花序。聚合果肉质，直径2~5cm。花期4~5月，果期6~7月。

Erect or scandent shrubs. Leaf blade elliptic-lanceolate to oblong, 3-8 cm × 2-2.5 cm. Both male and female, infructescences globosely capitate, with bracts. Fruiting syncarp fleshy, 2-5 cm in diam. Fl. Apr.-May, fr. Jun.-Jul..

果枝 Fruiting branches

枝叶 Branch and leaves

果 Fruit

径级分布表 DBH class

胸径等级 (Diameter class) (cm)	个体数 (No. of individuals)	比例 (Proportion) (%)
<2	10	66.67
2~5	5	33.33
5~10	0	0.00
10~20	0	0.00
20~30	0	0.00
30~60	0	0.00
>60	0	0.00

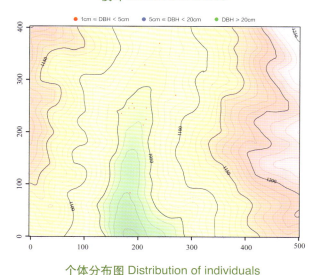
　● 1cm ≤ DBH < 5cm　● 5cm ≤ DBH < 20cm　● DBH ≥ 20cm
个体分布图 Distribution of individuals

072 倒卵叶紫麻　　*Oreocnide obovata*　　荨麻科 Urticaceae

- 个体数（Individuals number/20hm²）= 1
- 总胸高断面积（Basal area）= 0.0004m²
- 重要值（Importance value）= 0.0043
- 重要值排序（Importance value rank）= 221
- 最大胸径（Max DBH）= 2.3cm

直立或攀缘状灌木。叶倒卵形或狭倒卵形，长7~17cm，宽3~9cm，边缘具齿。花序长0.8~1.5cm，2~3回二歧分枝。瘦果卵形，长1~1.2mm。花期12月至翌年2月，果期5~8月。

Erect or scandent shrubs. Leaf blade obovate or narrowly obovate, 7-17 cm × 3-9 cm, margin serrate. Infructescences 0.8-1.5 cm, 2 or 3 times dichotomously branched. Achene ovoid, 1-1.2 mm. Fl. Dec.-Feb., fr. May-Aug..

花枝 Flowering branches

叶 Leaves

花 Flowers

径级分布表 DBH class

胸径等级 (Diameter class) (cm)	个体数 (No. of individuals)	比例 (Proportion) (%)
<2	0	0.00
2~5	1	100.00
5~10	0	0.00
10~20	0	0.00
20~30	0	0.00
30~60	0	0.00
>60	0	0.00

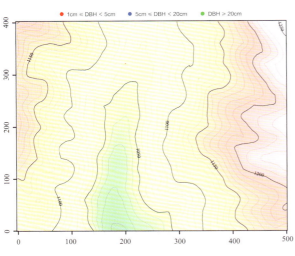

● 1cm ≤ DBH < 5cm　● 5cm ≤ DBH < 20cm　● DBH ≥ 20cm

个体分布图 Distribution of individuals

073 甜槠　　　*Castanopsis eyrei*　　　壳斗科 Fagaceae

- 个体数 （Individuals number/20hm²） = 6763
- 总胸高断面积 （Basal area） = 110.2449m²
- 重要值 （Importance value） = 20.8515
- 重要值排序 （Importance value rank） = 1
- 最大胸径 （Max DBH） = 125.2cm

乔木。叶卵形或披针形，长 5~13cm，宽 1.5~5.5cm，不对称，全缘或顶部有 1~2 齿。壳斗有 1 坚果，连刺径长 2~3cm，2~4 瓣开裂。花期 4~6 月，果翌年 9~11 月成熟。

Trees. Leaf blade lanceolate or ovate-lanceolate, 5-13 cm × 1.5-5.5 cm, asymmetrical, margin entire or apically 1-2 serrate. Nut 1 per cupule, cupule 2-3 cm in diam, splitting into 2-4 segments. Fl. Apr.-Jun., fr. Sep.-Nov. of following year.

树干 Trunk

果枝 Fruiting branches

花枝 Flowering branches

径级分布表 DBH class

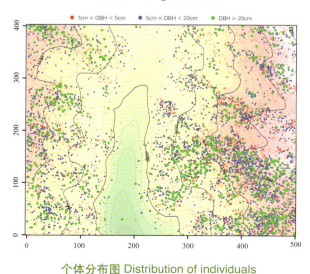
个体分布图 Distribution of individuals

胸径等级 (Diameter class) (cm)	个体数 (No. of individuals)	比例 (Proportion) (%)
<2	1106	16.35
2~5	1966	29.07
5~10	1167	17.26
10~20	1644	24.31
20~30	651	9.63
30~60	217	3.21
>60	12	0.18

074 罗浮锥 *Castanopsis faberi* 壳斗科 Fagaceae

- 个体数（Individuals number/20hm²）= 3064
- 总胸高断面积（Basal area）= 22.4265m²
- 重要值（Importance value）= 6.5167
- 重要值排序（Importance value rank）= 7
- 最大胸径（Max DBH）= 63.8cm

常绿乔木；高 8~20m。叶长椭圆状披针形，长 8~18cm，上部 1~5 对锯齿，背面有红褐色鳞秕。花序直立。每壳斗 2~3 坚果。花期 4~5 月，果翌年 9~11 月成熟。

Evergreen trees, 8-20 m tall. Leaf blade oblong-lanceolate, 8-18 cm, 1-5 pair of teeth from middle to apex, abaxially covered with reddish brown scalelike trichomes. Infructescences erect. Nut 2-3 per cupule. Fl. Apr.-May, fr. Sep.-Nov. of following year.

树干 Trunk

果 Fruits

花枝 Flowering branches

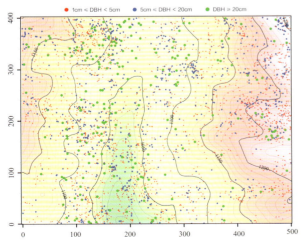
个体分布图 Distribution of individuals

径级分布表 DBH class

胸径等级 （Diameter class） (cm)	个体数 （No. of individuals）	比例 （Proportion） (%)
<2	778	25.39
2~5	1304	42.56
5~10	460	15.01
10~20	304	9.92
20~30	162	5.29
30~60	55	1.80
>60	1	0.03

075 栲　　　*Castanopsis fargesii*　　　壳斗科 Fagaceae

- 个体数 (Individuals number/20hm²) = 490
- 总胸高断面积 (Basal area) = 9.8261m²
- 重要值 (Importance value) = 2.2024
- 重要值排序 (Importance value rank) = 38
- 最大胸径 (Max DBH) = 46.6cm

乔木。芽鳞、嫩枝顶部及嫩叶叶柄均被与叶背相同但较早脱落的红锈色细片状蜡鳞，枝、叶均无毛。叶长椭圆形，长 7~15cm，宽 2~5cm，顶端常有齿。雄花穗状或圆锥花序。壳斗常圆球形。花期 4~6 月或 8~10 月，果翌年同期成熟。

Trees. bud scales, young branchlets from middle to apex, petiole of young leaf blades, and leaf blades abaxially covered with glabrescent, rust-colored, waxy scalelike trichomes. Branches and leaves glabrous. Leaf blade oblong-elliptic, 7-15 cm × 2-5 cm, abaxially covered with scalelike trichomes, usually apically serrate. Male infructescences spicate or paniculate. Cupule globose. Fl. Apr.-Jun. or Aug.-Oct., fr. Apr.-Oct.of following year.

叶 Leaves

叶背 Leaf abaxial surface

枝叶 Branch and leaves

径级分布表 DBH class

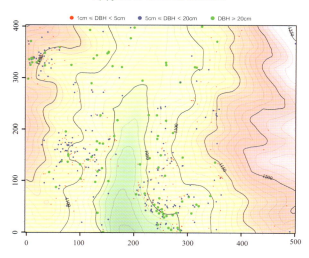

个体分布图 Distribution of individuals

胸径等级 (Diameter class) (cm)	个体数 (No. of individuals)	比例 (Proportion) (%)
<2	62	12.65
2~5	130	26.53
5~10	98	20.00
10~20	106	21.63
20~30	48	9.80
30~60	46	9.39
>60	0	0.00

076 鹿角锥　　　*Castanopsis lamontii*　　　壳斗科 Fagaceae

- 个体数（Individuals number/20hm²）= 300
- 总胸高断面积（Basal area）= 7.8461m²
- 重要值（Importance value）= 1.5637
- 重要值排序（Importance value rank）= 50
- 最大胸径（Max DBH）= 63.4cm

乔木。叶长圆形，长 12~30cm，宽 4~10cm，近全缘或顶端稀有锯齿。雌花序通常位于雄花序之上，每壳斗花 3（7）。每壳斗 2~3 坚果，果被毛。花期 3~5 月，果翌年 9~11 月成熟。

Trees. Leaf blade oblong, 12-30 cm × 4-10 cm, margin entire or sometimes apically with few teeth. Female Infructescences usually borne above male catkins, flowers 3(7) per cupule. Nuts 2 or 3 per cupule, pubescent. Fl. Mar.-May, fr. Sep.-Nov. of following year.

果 Fruits

叶 Leaves

花枝 Flowering branches

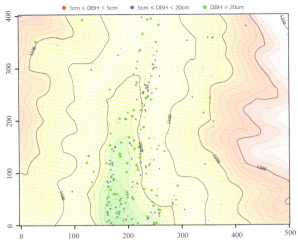

个体分布图 Distribution of individuals

径级分布表 DBH class

胸径等级 （Diameter class） （cm）	个体数 （No. of individuals）	比例 （Proportion） （%）
<2	32	10.67
2~5	74	24.67
5~10	47	15.67
10~20	77	25.67
20~30	39	13.00
30~60	30	10.00
>60	1	0.33

077 钩锥　　　*Castanopsis tibetana*　　　壳斗科 Fagaceae

- 个体数（Individuals number/20hm²）= 93
- 总胸高断面积（Basal area）= 2.4794m²
- 重要值（Importance value）= 0.6113
- 重要值排序（Importance value rank）= 99
- 最大胸径（Max DBH）= 33.3cm

乔木。枝无毛。叶大，硬（革质），长椭圆形，长15~30cm，宽5~10cm，背被鳞秕，中部以上有锯齿。壳斗有坚果1个，圆球形；坚果扁圆锥形，高1.5~1.8cm。花期4~5月，果翌年8~10月成熟。

Trees. Branches glabrous. Leaves large, blade leathery, oblong-elliptic, 15-30 cm × 5-10 cm, abaxially covered with scalelike trichomes, margin apical 1/2 serrate. Cupule globose. Nuts 1 per cupule, compressed conical, 1.5-1.8 cm. Fl. Apr.-May, fr. Aug.-Oct..

叶柄 Petiole

叶背 Leaf abaxial surface

叶 Leaves

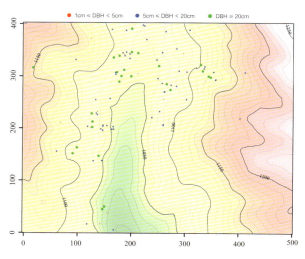

个体分布图 Distribution of individuals

径级分布表 DBH class

胸径等级 (Diameter class) (cm)	个体数 (No. of individuals)	比例 (Proportion) (%)
<2	1	1.08
2~5	9	9.68
5~10	16	17.20
10~20	41	44.09
20~30	21	22.58
30~60	5	5.38
>60	0	0.00

078 青冈 *Quercus glauca* 壳斗科 Fagaceae

- 个体数 (Individuals number/20hm²) = 3
- 总胸高断面积 (Basal area) = 0.0554m²
- 重要值 (Importance value) = 0.0211
- 重要值排序 (Importance value rank) = 204
- 最大胸径 (Max DBH) = 15.8cm

常绿乔木，高达 20m，胸径可达 1m。枝无毛。叶倒卵状椭圆形，长 6~14.5cm，宽 2~6.5cm，中上部有锯齿，老时无毛。壳斗碗状，包裹果底部，果卵形。花期 4~5 月，果期 10 月。

Evergreen trees, 20 m tall, trunk to 1 m in diam. Branches glabrous. Leaf blade obovate-elliptic, 6-14.5 cm × 2-6.5 cm, margin apical 1/2 serrate, become glabrous when old. Cupule bowl-shaped, enclosing bottom of nut. Nut ovoid. Fl. Apr.-May, fr. Oct..

花枝 Flowering branches

叶背 Leaf abaxial surface

果 Fruits

径级分布表 DBH class

胸径等级 (Diameter class) (cm)	个体数 (No. of individuals)	比例 (Proportion) (%)
<2	0	0.00
2~5	1	33.33
5~10	1	33.33
10~20	1	33.33
20~30	0	0.00
30~60	0	0.00
>60	0	0.00

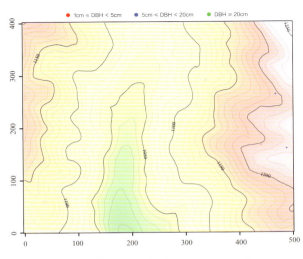

● 1cm ≤ DBH < 5cm   ● 5cm ≤ DBH < 20cm   ● DBH ≥ 20cm

个体分布图 Distribution of individuals

079 细叶青冈　　　*Quercus shennongii*　　　壳斗科 Fagaceae

- 个体数（Individuals number/20hm²）= 379
- 总胸高断面积（Basal area）= 2.3057m²
- 重要值（Importance value）= 1.1432
- 重要值排序（Importance value rank）= 70
- 最大胸径（Max DBH）= 40.1cm

常绿乔木。嫩枝被毛。叶长卵形或卵状披针形，长3.5~9.5cm，宽1.5~4cm，顶端有锯齿，背面被毛。壳斗碗状，包裹果近1/2，果椭圆形。花期3~4月，果期10~11月。

Evergreen trees. Branchlets tomentose when young. Leaf blade oblong-ovate to ovate-lanceolate, 3.5-9.5 cm × 1.5-4 cm, apically serrulate, abaxially tomentose. Cupule bowl-shaped, enclosing 1/2 of nut. Nut ellipsoid. Fl. Mar.-Apr., fr. Oct.-Nov..

枝叶 Branch and leaves

叶 Leaves

叶背 Leaf abaxial surface

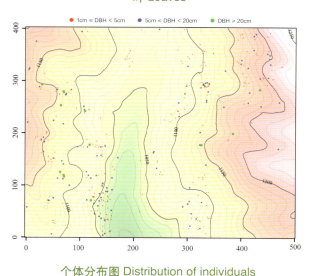

个体分布图 Distribution of individuals

径级分布表 DBH class

胸径等级 (Diameter class) (cm)	个体数 (No. of individuals)	比例 (Proportion) (%)
<2	98	25.86
2~5	157	41.42
5~10	61	16.09
10~20	50	13.19
20~30	8	2.11
30~60	5	1.32
>60	0	0.00

080 多脉青冈 *Quercus multinervis* 壳斗科 Fagaceae

- 个体数 （Individuals number/20hm²）＝123
- 总胸高断面积 （Basal area）＝1.8914m²
- 重要值 （Importance value）＝0.6162
- 重要值排序 （Importance value rank）＝97
- 最大胸径 （Max DBH）＝28.8cm

常绿乔木；高 12m。叶长 7.5~15.5cm，宽 2.5~5.5cm，叶缘 1/3 以上有尖锯齿。花单性，雌雄同株。果序长 1~2cm；壳斗杯形，包着坚果 1/2 以下。果期翌年 10~11 月。

Evergreen trees, 12 m tall. Leaf blade 7.5-15.5 cm × 2.5-5.5 cm, margin apical 1/3 sharply serrate. Flowers unisexual, monoecious. Infructescences 1-2 cm; cupule cupular, enclosing 1/2 of nut. Fr. Oct.-Nov. of following year.

枝 Branch

叶背 Leaf abaxial surface

叶 Leaves

径级分布表 DBH class

胸径等级 (Diameter class) (cm)	个体数 (No. of individuals)	比例 (Proportion) (%)
<2	9	7.32
2~5	25	20.33
5~10	31	25.20
10~20	43	34.96
20~30	15	12.20
30~60	0	0.00
>60	0	0.00

个体分布图 Distribution of individuals

图例：1cm ≤ DBH < 5cm 5cm ≤ DBH < 20cm DBH ≥ 20cm

081 小叶青冈 *Quercus myrsinifolia* 壳斗科 Fagaceae

- 个体数 (Individuals number/20hm²) = 1187
- 总胸高断面积 (Basal area) = 5.5955m²
- 重要值 (Importance value) = 2.6684
- 重要值排序 (Importance value rank) = 29
- 最大胸径 (Max DBH) = 59.9cm

常绿乔木。叶柄长 1~2.5cm；叶卵状披针形或椭圆状披针形，长 6~11cm，宽 1.8~4cm。雄花序长 4~6cm；雌花序长 1.5~3cm。壳斗杯形，包着坚果 1/3~1/2。花期 6 月，果期 10 月。

Evergreen trees. Petiole 1-2.5 cm; leaf blade ovate- or elliptic-lanceolate, 6-11 cm × 1.8-4 cm. Male infructescences 5-6 cm; female infructescences 1.5-3 cm. Cupule cupular, enclosing 1/3-1/2 of nut. Fl. Jun., fr. Oct..

树干 Trunk

花 Flowers

果 Fruits

径级分布表 DBH class

胸径等级 (Diameter class) (cm)	个体数 (No. of individuals)	比例 (Proportion) (%)
<2	403	33.95
2~5	461	38.84
5~10	192	16.18
10~20	105	8.85
20~30	17	1.43
30~60	9	0.76
>60	0	0.00

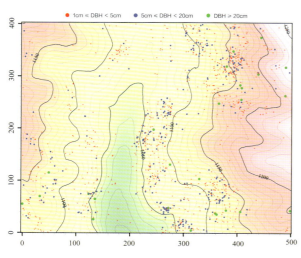

个体分布图 Distribution of individuals

082 云山青冈　　*Quercus sessilifolia*　　壳斗科 Fagaceae

- 个体数（Individuals number/20hm²）= 1719
- 总胸高断面积（Basal area）= 13.5204m²
- 重要值（Importance value）= 4.2566
- 重要值排序（Importance value rank）= 16
- 最大胸径（Max DBH）= 48.2cm

常绿乔木。叶长椭圆形，长 7~14cm，宽 1.5~4cm，全缘或顶端有 2~4 锯齿。雄花序长 5cm；雌花序长约 1.5cm，花柱 3 裂。壳斗杯形，包着坚果约 1/3。花期 4~5 月，果期 10~11 月。

Evergreen trees. Leaf blade oblong-elliptic, 7-14 cm × 1.5-4 cm, margin entire or apically 2-4 serrate. Male infructescences 5 cm; female infructescences ca. 1.5 cm, style splitting into 3 segments. Cupule cupular, enclosing 1/3 of nut. Fl. Apr.-May, fr. Oct.-Nov..

树干 Trunk

叶 Leaves

芽 Bud

径级分布表 DBH class

胸径等级 （Diameter class） （cm）	个体数 （No. of individuals）	比列 （Proportion） （%）
<2	405	23.56
2~5	571	33.22
5~10	278	16.17
10~20	375	21.82
20~30	82	4.77
30~60	8	0.47
>60	0	0.00

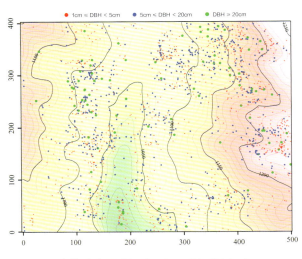

个体分布图 Distribution of individuals

083 水青冈　　　*Fagus longipetiolata*　　　壳斗科 Fagaceae

- 个体数（Individuals number/20hm²）= 928
- 总胸高断面积（Basal area）= 15.6847m²
- 重要值（Importance value）= 3.6774
- 重要值排序（Importance value rank）= 19
- 最大胸径（Max DBH）= 69.1cm

乔木；高达 25m。叶柄长 1~3.5cm；叶长 9~15cm, 宽 4~6cm, 稀较小。果柄长可达 10cm；壳斗 4（3）瓣裂, 裂瓣长 20~35mm, 通常有坚果 2 个。花期 4~5 月, 果期 9~10 月。

Trees to 25 m tall. Petiole 1-3.5 cm; leaf blade 9-15 × 4-6 cm, rarely smaller. Peduncle to 10 cm; cupule splitting into 4(3) segments, segments 20-35 mm. Nuts usually 2 per cupule. Fl. Apr.-May, fr. Sep.-Oct..

树干 Trunk

叶 Leaves

叶背 Leaf abaxial surface

径级分布表 DBH class

胸径等级 （Diameter class） （cm）	个体数 （No. of individuals）	比例 （Proportion） （%）
<2	114	12.28
2~5	211	22.74
5~10	170	18.32
10~20	290	31.25
20~30	123	13.25
30~60	17	1.83
>60	3	0.32

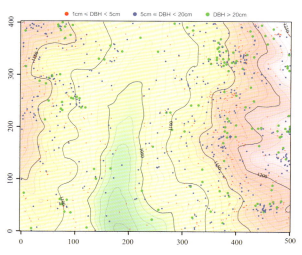

个体分布图 Distribution of individuals

084 美叶柯　　*Lithocarpus calophyllus*　　壳斗科 Fagaceae

- 个体数（Individuals number/20hm²）= 1453
- 总胸高断面积（Basal area）= 24.2204m²
- 重要值（Importance value）= 5.5702
- 重要值排序（Importance value rank）= 12
- 最大胸径（Max DBH）= 58.2cm

乔木；高达 28m。嫩枝被微柔毛。叶硬革质，阔椭圆形或卵形，长 8~15cm，宽 4~9cm，全缘。壳斗碟形，包坚果底部。花期 6~7 月，果翌年 8~9 月成熟。

Trees to 28 m tall. Young branchlets sparsely puberulent. Leaf blade rigidly leathery, broadly elliptic or ovate, 8-15 cm × 4-9 cm, margin entire. Cupule shallowly cupular, enclosing bottom of nut. Fl. Jun.-Jul., fr. Aug.-Sep. of following year.

叶背 Leaf abaxial surface

花枝 Flowering branches

果枝 Fruiting branches

径级分布表 DBH class

胸径等级 (Diameter class) (cm)	个体数 (No. of individuals)	比例 (Proportion) (%)
<2	186	12.80
2~5	473	32.55
5~10	246	16.93
10~20	289	19.39
20~30	199	13.70
30~60	60	4.13
>60	0	0.00

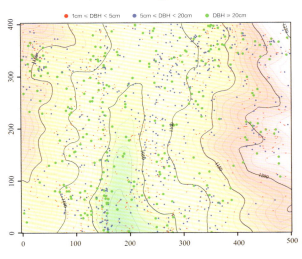
个体分布图 Distribution of individuals

085 金毛柯 *Lithocarpus chrysocomus* 壳斗科 Fagaceae

- 个体数 （Individuals number/20hm²）= 202
- 总胸高断面积 （Basal area）= 1.2025m²
- 重要值 （Importance value）= 0.6537
- 重要值排序 （Importance value rank）= 93
- 最大胸径 （Max DBH）= 26.3cm

乔木。当年生幼枝密被金棕色微柔毛。叶卵形或长椭圆形，长 8~15cm，宽 2.5~5.5cm，全缘。果序长通常不超过5cm，有成熟壳斗2~6个；坚果近圆球形。花期 6~8 月，果翌年 8~10 月成熟。

Trees. Branchlets of current year and rachis of inflorescences densely tawny puberulent. Leaf blade ovate or oblong-elliptic, 8-15 cm × 2.5-5.5 cm, margin entire. Infructescence less than 5 cm, developed cupules 2-6; nut subglobose. Fl. Jun.-Aug., fr. Aug.-Oct. of following year.

树干 Trunk

叶 Leaves

叶背 Leaf abaxial surface

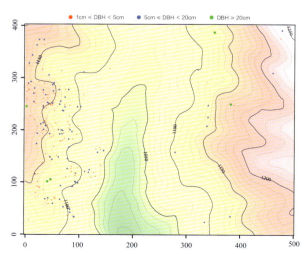

个体分布图 Distribution of individuals

径级分布表 DBH class

胸径等级 (Diameter class) (cm)	个体数 (No. of individuals)	比例 (Proportion) (%)
<2	13	6.44
2~5	99	49.01
5~10	53	26.24
10~20	32	15.84
20~30	5	2.48
30~60	0	0.00
>60	0	0.00

086 硬壳柯 *Lithocarpus hancei* 壳斗科 Fagaceae

- 个体数（Individuals number/20hm²）= 2972
- 总胸高断面积（Basal area）= 17.3961m²
- 重要值（Importance value）= 6.4504
- 重要值排序（Importance value rank）= 9
- 最大胸径（Max DBH）= 43.6cm

乔木。叶薄纸质至硬革质，叶形变异大，长 5~10cm，宽 2.5~5cm，全缘或叶缘略背卷。雄花序通常排成圆锥花序；雌花序 2 至多穗聚生于枝顶部。壳斗包着坚果近 1/3。花期 4~6 月，果翌年 9~12 月成熟。

Trees. Leaf blade thinly papery to rigidly leathery, variable in shape, 5-10 cm × 2.5-5 cm, margin entire or ± recurved. Male inflorescences usually in a panicle; female inflorescences 2-many congested at apex of branches. Cupule enclosing nearly 1/3 of nut. Fl. Apr.-Jun., fr. Sep.-Dec..

叶 Leaves

花 Flowers

果 Fruits

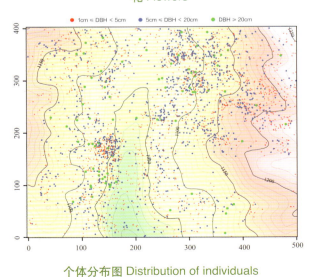

个体分布图 Distribution of individuals

径级分布表 DBH class

胸径等级 (Diameter class) (cm)	个体数 (No. of individuals)	比例 (Proportion) (%)
<2	612	20.59
2~5	1167	39.27
5~10	604	20.32
10~20	511	17.19
20~30	75	2.52
30~60	3	0.10
>60	0	0.00

087　圆锥柯　　　*Lithocarpus paniculatus*　　　壳斗科 Fagaceae

- 个体数（Individuals number/20hm²）＝2372
- 总胸高断面积（Basal area）＝9.7985m²
- 重要值（Importance value）＝4.7529
- 重要值排序（Importance value rank）＝14
- 最大胸径（Max DBH）＝68.1cm

乔木；高达 15m。叶长 6~15cm，宽 2.5~5cm。雄花序为穗状圆锥花序；雌花每 3 或 5 朵一簇。果序轴粗 4~7mm；壳斗高 8~18mm，宽 18~25mm。花期 7~9 月，果翌年同期成熟。

Trees to 15 m tall. Leaf blade 6-15 cm × 2.5-5 cm. Male infructescences spike-like paniculate; female flowers 3-5 fascicled. Infructescences rachis 4-7 mm thick; cupule 8-18 mm × 18-25 mm. Fl. Jul.-Sep., fr. Jul.-Sep. of following year.

树干 Trunk

叶 Leaves

叶背 Leaf abaxial surface

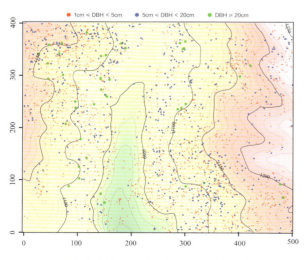

个体分布图 Distribution of individuals

径级分布表 DBH class

胸径等级 (Diameter class) (cm)	个体数 (No. of individuals)	比例 (Proportion) (%)
<2	654	27.57
2~5	1062	44.77
5~10	425	17.92
10~20	189	7.97
20~30	34	1.43
30~60	6	0.25
>60	2	0.08

088 杨梅　　　*Morella rubra*　　　杨梅科 Myricaceae

- 个体数（Individuals number/20hm²）= 767
- 总胸高断面积（Basal area）= 6.6772m²
- 重要值（Importance value）= 2.5401
- 重要值排序（Importance value rank）= 30
- 最大胸径（Max DBH）= 37.9cm

常绿乔木。枝无毛。叶柄长 2~10mm；单叶互生，常聚生枝顶，长椭圆状或楔状披针形至倒卵形，背面有腺点。雌雄异株。核果球状，径 1~1.5cm。花期 4 月，果期 6~7 月。

Evergreen trees. Branches glabrous. Petiole 2-10 mm; leaf blade alternate, usually clustered at apex, oblong- or cuneate-lanceolate to obovate, abaxially scattered glandular punctate. Dioecious. Drupe globose, 1-1.5 cm in diam. Fl. Apr., fr. Jun.-Jul..

果枝 Fruiting branches

叶 Leaves

雄花序 Male inflorescence

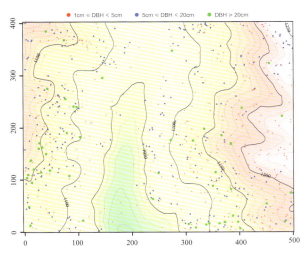

个体分布图 Distribution of individuals

径级分布表 DBH class

胸径等级 (Diameter class) (cm)	个体数 (No. of individuals)	比例 (Proportion) (%)
<2	197	25.58
2~5	243	31.68
5~10	142	18.51
10~20	134	17.47
20~30	42	5.48
30~60	9	1.17
>60	0	0.00

089　少叶黄杞　　*Engelhardtia fenzelii*　　胡桃科 Juglandaceae

- 个体数（Individuals number/20hm²）= 512
- 总胸高断面积（Basal area）= 1.2565m²
- 重要值（Importance value）= 0.9180
- 重要值排序（Importance value rank）= 79
- 最大胸径（Max DBH）= 32.2cm

乔木。枝条被圆形腺体。偶数羽状复叶长 8~16cm，小叶 1~2 对；叶长 5~13cm，宽 2.5~5cm，基部歪斜。雌雄同株或稀异株。果实直径 3~4mm，密被橙黄色腺体。花期 7 月，果期 9~10 月。

Trees. Branches with rounded glands. Leaves even-pinnate, 8-16 cm, leaflets 1-2 pairs; 5-13 cm × 2.5-5 cm, base oblique. Monoecious, rarely dioecious. Fruit 3-4 mm in diam, densely glandular. Fl. Jul., fr. Sep.-Oct..

花枝 Flowering branches

叶 Leaves

枝 Branch

径级分布表 DBH class

胸径等级 （Diameter class） （cm）	个体数 （No. of individuals）	比例 （Proportion） （%）
<2	119	23.24
2~5	241	47.07
5~10	139	27.15
10~20	12	2.34
20~30	0	0.00
30~60	1	0.20
>60	0	0.00

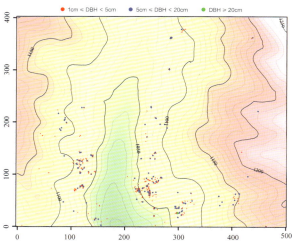
个体分布图 Distribution of individuals

090 亮叶桦　　*Betula luminifera*　　桦木科 Betulaceae

- 个体数（Individuals number/20hm²）= 311
- 总胸高断面积（Basal area）= 5.7081m²
- 重要值（Importance value）= 1.5085
- 重要值排序（Importance value rank）= 55
- 最大胸径（Max DBH）= 30.4cm

乔木。枝条红褐色，有蜡质白粉。叶柄长 1~2cm，密被短柔毛及腺点；叶长 4.5~10cm，宽 2.5~6cm。雄花序 2~5 枚簇生。果序长 3~9cm；小坚果倒卵形。花期 5~6 月，果期 6~8 月。

Trees. Branches reddish brown, waxy glaucous. Petiole 1-2 cm, densely villous and glandular punctate; leaf blade 4.5 cm × 2.5-6 cm. Male Infructescences 2-5 fascicled. Infructescences 3-9 cm; nutlet obovate. Fl. May-Jun., fr. Jun.-Aug..

树干 Trunk

叶 Leaves

花 Flowers

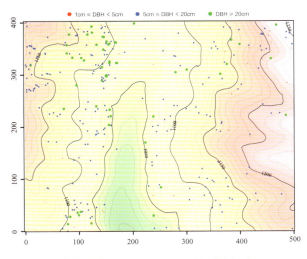
个体分布图 Distribution of individuals

径级分布表 DBH class

胸径等级 （Diameter class） （cm）	个体数 （No. of individuals）	比例 （Proportion） （%）
<2	3	0.96
2~5	20	6.43
5~10	74	23.79
10~20	160	51.45
20~30	53	17.04
30~60	1	0.32
>60	0	0.00

091 雷公鹅耳枥　　*Carpinus viminea*　　桦木科 Betulaceae

- 个体数 （Individuals number/20hm²）＝975
- 总胸高断面积 （Basal area）＝14.4480m²
- 重要值 （Importance value）＝3.5704
- 重要值排序 （Importance value rank）＝23
- 最大胸径 （Max DBH）＝37.5cm

乔木；高 10~20m。叶椭圆形、卵状披针形，长 6~11cm，宽 3~5cm，侧脉 12~15 对。果序长 5~15cm，直径 2.5~3cm，下垂；小坚果宽卵圆形，长 3~4mm。花期 4~6 月，果期 7~9 月。

Trees, 10-20 m tall. Leaf blade elliptic or ovate-lanceolate, 6-11 cm × 3-5 cm, lateral veins 12-15 pairs. Infructescences 5-15 cm × 2.5-3 cm, pendulous; nutlet broadly ovoid, 3-4 mm. Fl. Apr.-Jun., fr. Jul.-Sep..

树干 Trunk

叶 Leaves

果枝 Fruiting branches

径级分布表 DBH class

胸径等级 （Diameter class） （cm）	个体数 （No. of individuals）	比例 （Proportion） （%）
<2	53	5.44
2~5	134	13.74
5~10	229	23.49
10~20	447	45.85
20~30	102	10.46
30~60	10	1.03
>60	0	0.00

个体分布图 Distribution of individuals

092 大果卫矛 *Euonymus myrianthus* 卫矛科 Celastraceae

- 个体数（Individuals number/20hm²）= 36
- 总胸高断面积（Basal area）= 0.0812m²
- 重要值（Importance value）= 0.1599
- 重要值排序（Importance value rank）= 151
- 最大胸径（Max DBH）= 16.1cm

灌木。小枝圆柱形。叶倒卵状椭圆形，长 5~13cm，宽 3~4.5cm。花丝极短或无；子房每室 4~12 胚珠。果 4 棱，直径约 1cm。花期 4~7 月，果期 8~11 月。

Shrubs. Branches terete. Leaf blade ovate-elliptic, 5-13 cm × 3-4.5 cm. Filaments very short or absent; ovules 4-12 per locule. Fruits with 4 right angles, ca. 1 in diam. Fl. Apr.-Jul., fr. Aug.-Nov..

树干 Trunk

叶 Leaves

果枝 Fruiting branches

个体分布图 Distribution of individuals

径级分布表 DEH class

胸径等级 (Diameter class) (cm)	个体数 (No. of individuals)	比例 (Proportion) (%)
<2	14	38.89
2~5	12	33.33
5~10	7	19.44
10~20	3	8.33
20~30	0	0.00
30~60	0	0.00
>60	0	0.00

093 福建假卫矛 *Microtropis fokienensis* 卫矛科 Celastraceae

- 个体数（Individuals number/20hm²）= 55
- 总胸高断面积（Basal area）= 0.0198m²
- 重要值（Importance value）= 0.2015
- 重要值排序（Importance value rank）= 140
- 最大胸径（Max DBH）= 8.6cm

小乔木或灌木。叶窄倒卵形，长4~9cm，宽1.5~3.5cm；柄长2~8mm。花序短小，总花长约2mm，小花3~9朵。蒴果椭圆状。

Small trees or shrubs. Leaf blade narrowly obovate, 4-9 cm × 1.5-3.5 cm; petiole 2-8 mm. Infructescences short, ca. 2 mm, 3-9 flowered. Capsule elliptic.

枝叶 Branch and leaves

叶背 Leaf abaxial surface

叶 Leaves

径级分布表 DBH class

胸径等级 (Diameter class) (cm)	个体数 (No. of individuals)	比例 (Proportion) (%)
<2	48	87.27
2~5	6	10.91
5~10	1	1.82
10~20	0	0.00
20~30	0	0.00
30~60	0	0.00
>60	0	0.00

个体分布图 Distribution of individuals

094 杜英　　　*Elaeocarpus decipiens*　　　杜英科 Elaeocarpaceae

- 个体数（Individuals number/20hm²）＝1165
- 总胸高断面积（Basal area）＝9.5019m²
- 重要值（Importance value）＝3.1318
- 重要值排序（Importance value rank）＝24
- 最大胸径（Max DBH）＝40.9cm

常绿乔木。叶披针形，长 7~12cm，宽 2~3.5cm，侧脉 7~9 对。总状花序长 5~10cm；花白色，花瓣倒卵形上半部撕裂，裂片 14~16 条。核果椭圆形。花期 6~7 月，果期 11 月至翌年 1 月。

Evergreen trees. Leaf blade lanceolate, 7-12 cm × 2-3.5 cm, lateral veins7-9 pairs. Racemes 5-10cm; flowers white, petals obovate, laciniate in upper 1/2, segments 14-16. Drupe ellipsoid. Fl. Jun.-Jul,. fr. Nov.-Jan..

果 Fruits

叶 Leaves

花 Flowers

径级分布表 DBH class

胸径等级 (Diameter class) (cm)	个体数 (No. of individuals)	比例 (Proportion) (%)
<2	240	20.60
2~5	398	34.15
5~10	224	19.23
10~20	223	19.14
20~30	72	6.18
30~60	8	0.69
>60	0	0.00

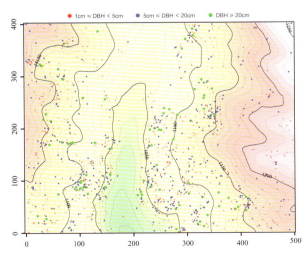

个体分布图 Distribution of individuals

095 日本杜英 *Elaeocarpus japonicus* 杜英科 Elaeocarpaceae

- 个体数 （Individuals number/20hm²）= 1447
- 总胸高断面积 （Basal area）= 9.7832m²
- 重要值 （Importance value）= 3.6336
- 重要值排序 （Importance value rank）= 22
- 最大胸径 （Max DBH）= 46.6cm

叶 Leaves

乔木。单叶互生，革质，通常卵形，长 6~12cm, 宽 3~6cm, 叶背有细小黑腺点。总状花序生叶腋。核果椭圆形，直径 8mm。花期 4~5 月，果期 5~7 月。

Trees. Leaf blade alternate, leathery, usually ovate, 6-12 cm × 3-6 cm, abaxially with minute black glandular spots. Racemes axillary. Drupe ellipsoid, 8mm in diam. Fl. Apr.-May, fr. May-Jul..

果 Fruits

果枝 Fruiting branches

径级分布表 DBH class

胸径等级 （Diameter class） （cm）	个体数 （No. of individuals）	比例 （Proportion） （%）
<2	48	23.43
2~5	552	38.15
5~10	267	18.45
10~20	217	15.00
20~30	61	4.22
30~60	11	0.76
>60	0	0.00

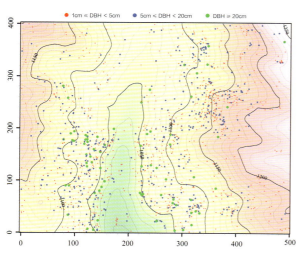
个体分布图 Distribution of individuals

096 猴欢喜 *Sloanea sinensis* 杜英科 Elaeocarpaceae

- 个体数（Individuals number/20hm²）= 113
- 总胸高断面积（Basal area）= 1.2345m²
- 重要值（Importance value）= 0.4959
- 重要值排序（Importance value rank）= 113
- 最大胸径（Max DBH）= 38.1cm

常绿乔木。叶形状及大小多变，常为长圆形或狭窄倒卵形，长 6~9cm，宽 3~5cm，全缘。花多朵簇生；花瓣 4。蒴果球形，直径 2~5cm。花期 9~11 月，果期翌年 6~7 月成熟。

Evergreen trees. Leaf blade variable in shape and size, usually oblong or narrowly obovate, 6-9 cm × 3-5 cm, margin entire. Flowers fascicled; petals 4. Capsule globose, 2-5 cm in diam. Fl. Sep.-Nov., fr. Jun.-Jul..

果 Fruits

叶 Leaves

花 Flowers

径级分布表 DBH class

胸径等级 （Diameter class） （cm）	个体数 （No. of individuals）	比例 （Proportion） （%）
<2	17	15.04
2~5	40	35.40
5~10	23	20.35
10~20	22	19.47
20~30	10	8.85
30~60	1	0.88
>60	0	0.00

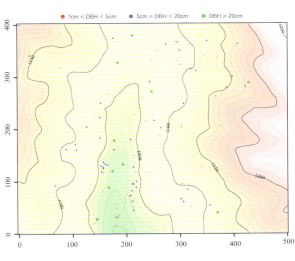

个体分布图 Distribution of individuals

097 东方古柯 *Erythroxylum sinense* 古柯科 Erythroxylaceae

- 个体数（Individuals number/20hm²）= 586
- 总胸高断面积（Basal area）= 0.6641m²
- 重要值（Importance value）= 1.2722
- 重要值排序（Importance value rank）= 63
- 最大胸径（Max DBH）= 43.1cm

灌木或乔木。叶较小，长 2~14cm，宽 1~4cm。花腋生，2~7 花簇生于极短的总花梗上，或单花腋生。核果长圆形，有 3 条纵棱。花期 4~5 月，果期 5~10 月。

Shrubs or trees. Leaf blade small, 2-14 cm × 1-4 cm. Flowers axillary, solitary or 2-7-fascicled on a very short peduncle. Drupe oblong, with 3 longitudinal ribs. Fl. Apr.-May, fr. May-Oct..

果 Fruits

叶 Leaves

花 Flowers

径级分布表 DBH class

胸径等级 (Diameter class) (cm)	个体数 (No. of individuals)	比例 (Proportion) (%)
<2	258	44.03
2~5	274	46.76
5~10	48	8.19
10~20	5	0.85
20~30	0	0.00
30~60	1	0.17
>60	0	0.00

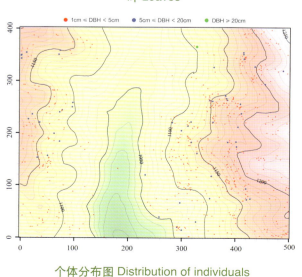

个体分布图 Distribution of individuals

098 山桐子　　*Idesia polycarpa*　　杨柳科 Salicaceae

- 个体数（Individuals number/20hm²）= 172
- 总胸高断面积（Basal area）= 0.7725m²
- 重要值（Importance value）= 0.6069
- 重要值排序（Importance value rank）= 100
- 最大胸径（Max DBH）= 25.9cm

落叶乔木；高 8~21m。叶卵形，长 13~16（20）cm，宽 12~15cm。花单性，雌雄异株或杂性，萼片 3~6 片，覆瓦状排列。浆果紫红色，直径 5~7mm。花期 4~5 月，果熟期 10~11 月。

Deciduous trees, 8-21 m tall. Leaf blade ovate, 13-16 cm (20) × 12-15 cm. Flowers unisexual, monoecious or polygamodioecious, sepals 3-6, imbricate. Berry purple-red, 5-7 mm in diam. Fl. Apr.-May, fr. Oct.-Nov..

果 Fruits

叶 Leaves

叶背 Leaf abaxial surface

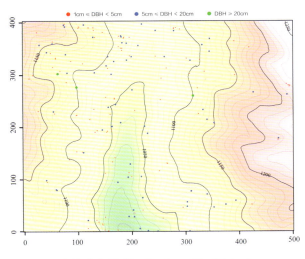
个体分布图 Distribution of individuals

径级分布表 DBH class

胸径等级 （Diameter class） （cm）	个体数 （No. of individuals）	比例 （Proportion） （%）
<2	34	19.77
2~5	66	38.37
5~10	44	25.58
10~20	25	14.53
20~30	3	1.74
30~60	0	0.00
>60	0	0.00

099 日本五月茶 *Antidesma japonicum* 叶下珠科 Phyllanthaceae

- 个体数（Individuals number/20hm²）= 10
- 总胸高断面积（Basal area）= 0.0247m²
- 重要值（Importance value）= 0.0420
- 重要值排序（Importance value rank）= 186
- 最大胸径（Max DBH）= 17.1cm

乔木或灌木。叶披针形，长 3.5~13cm，宽 1.5~4cm，叶脉被短柔毛。总状花序顶生，长可达 10cm；雄蕊 2~5，伸出花萼之外。果长 5~6mm。花期 4~6 月，果期 7~9 月。

Trees or shrubs. Leaf blade lanceolate, 3.5-13 cm × 1.5-4 cm, veins pubescent. Racemes terminal, to 10 cm; stamens 2-5, terminal, longer than calyx. Fruits 5-6 mm. Fl. Apr.-Jun., fr. Jul.-Sep..

果 Fruits

叶 Leaves

果枝 Fruiting branches

径级分布表 DBH class

胸径等级 （Diameter class） （cm）	个体数 （No. of individuals）	比例 （Proportion） （%）
<2	8	80.00
2~5	1	10.00
5~10	0	0.00
10~20	1	10.00
20~30	0	0.00
30~60	0	0.00
>60	0	0.00

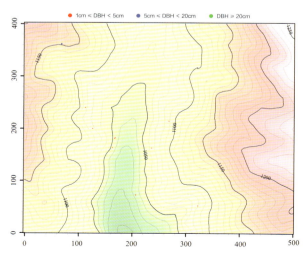
个体分布图 Distribution of individuals

100 里白算盘子 *Glochidion triandrum* 叶下珠科 Phyllanthaceae

- 个体数 (Individuals number/20hm²) = 19
- 总胸高断面积 (Basal area) = 0.0747m²
- 重要值 (Importance value) = 0.0843
- 重要值排序 (Importance value rank) = 168
- 最大胸径 (Max DBH) = 13.7cm

灌木或小乔木；高 3~7m。叶长椭圆形或披针形，长 4~13cm，宽 2~4.5cm。花 5~6 朵簇生于叶腋内。蒴果扁球状，直径 5~7mm，高约 4mm。花期 3~7 月，果期 7~12 月。

Shrubs or small trees, 3-7 m tall. Leaf blade oblong-elliptic or lanceolate, 4-13 cm × 2-4.5 cm. Flowers in axillary clusters, 5-6 per cluster. Capsules depressed globose, ca. 4 mm × 5-7 mm. Fl. Mar.-Jul., fr. Jul.-Dec..

树干 Trunk

果枝 Fruiting branches

果 Fruits

个体分布图 Distribution of individuals

径级分布表 DBH class

胸径等级 (Diameter class) (cm)	个体数 (No. of individuals)	比例 (Proportion) (%)
<2	1	5.26
2~5	7	36.84
5~10	8	42.11
10~20	3	15.79
20~30	0	0.00
30~60	0	0.00
>60	0	0.00

101 野桐　　*Mallotus tenuifolius*　　大戟科 Euphorbiaceae

- 个体数 （Individuals number/20hm²）= 174
- 总胸高断面积 （Basal area）= 1.6432m²
- 重要值 （Importance value）= 0.6325
- 重要值排序 （Importance value rank）= 95
- 最大胸径 （Max DBH）= 42.8cm

树干 Trunk

灌木或小乔木。叶下面疏被星状粗毛。花雌雄异株；雌花序总状，不分枝，长 8~20cm。蒴果近扁球形，钝三棱形，直径 8~10mm。花期 7~11 月。

Shrubs or small trees. Leaf blade abaxially sparingly stellate-pilosulose. Flowers dioecious; female inflorescences peduncle, unbranched, 8-20 cm. Capsule compressed globose, obtusely trigonous, 8-10 mm in diam. Fl. Jul.-Nov..

花 Flowers

枝叶 Branch and leaves

径级分布表 DBH class

胸径等级 (Diameter class) (cm)	个体数 (No. of individuals)	比例 (Proportion) (%)
<2	20	11.49
2~5	59	33.91
5~10	50	28.74
10~20	33	18.97
20~30	7	4.02
30~60	5	2.87
>60	0	0.00

个体分布图 Distribution of individuals

102 山乌桕　　　*Triadica cochinchinensis*　　　大戟科 Euphorbiaceae

- 个体数（Individuals number/20hm²）= 1
- 总胸高断面积（Basal area）= 0.0099m²
- 重要值（Importance value）= 0.0055
- 重要值排序（Importance value rank）= 216
- 最大胸径（Max DBH）= 11.2cm

落叶乔木。叶互生，叶椭圆形，长 4~10cm，宽 2.5~5cm；叶柄顶端 2 腺体。花单性，雌雄同株；总状花序；雌花生于花序轴下部。蒴果。花期 4~6 月。

Deciduous trees. Leaves alternate, leaf blade elliptic, 4-10 cm × 2.5-5 cm; petioles 2-glandular at apex. Flowers monoecious in racemes; female in lower part. Capsules. Fl. Apr.-Jun..

整株 Whole plant

果 Fruits

花枝 Flowering branches

径级分布表 DBH class

胸径等级 (Diameter class) (cm)	个体数 (No. of individuals)	比例 (Proportion) (%)
<2	0	0.00
2~5	0	0.00
5~10	0	0.00
10~20	1	100.00
20~30	0	0.00
30~60	0	0.00
>60	0	0.00

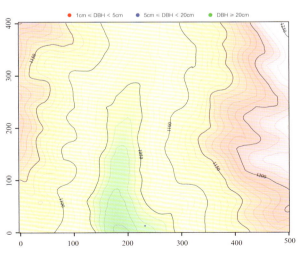

个体分布图 Distribution of individuals

103 赤楠 *Syzygium buxifolium* 桃金娘科 Myrtaceae

- 个体数（Individuals number/20hm²）＝1277
- 总胸高断面积（Basal area）＝1.3127m²
- 重要值（Importance value）＝1.9912
- 重要值排序（Importance value rank）＝41
- 最大胸径（Max DBH）＝21.9cm

灌木或小乔木。枝具棱。叶对生或三出，叶阔椭圆形，长 1.5~3cm，宽 1~2cm，脉距 1~1.5mm。聚伞花序顶生。核果球形，直径 5~7mm。花期 6~8 月，果期 10~12 月。

Shrubs or small trees. Branches angled. Leaves opposite or ternate, leaf blade broadly elliptic, 1.5-3 cm × 1-2 cm, veins 1-1.5 mm apart. Cymes terminal. Drupe globose, 5z-7 mm in diam. Fl. Jun.-Aug., fr. Oct.-Dec..

叶背 Leaf abaxial surface

花枝 Flowering branches

果枝 Fruiting branches

径级分布表 DBH class

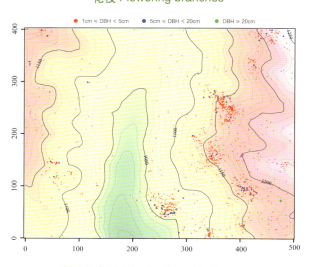

个体分布图 Distribution of individuals

胸径等级 （Diameter class） （cm）	个体数 （No. of individuals）	比例 （Proportion） （%）
<2	598	46.83
2~5	607	47.53
5~10	60	4.70
10~20	11	0.86
20~30	1	0.08
30~60	0	0.00
>60	0	0.00

104 棱果花　　*Barthea barthei*　　野牡丹科 Melastomataceae

- 个体数（Individuals number/20hm²）＝25
- 总胸高断面积（Basal area）＝0.0088m²
- 重要值（Importance value）＝0.0779
- 重要值排序（Importance value rank）＝171
- 最大胸径（Max DBH）＝2.8cm

灌木；高 70~150cm。叶长（3.5）6~11cm，宽（1.8）2.5~5.5cm。聚伞花序顶生，有花 3 朵，常仅 1 朵成熟。蒴果长圆形；宿存萼四棱形，有狭翅。花期 1~4 月或 10~12 月，果期 10~12 月或翌年 1~5 月。

Shrubs, 70-150 cm tall. Leaf blade (3.5) 6-11 × (1.8) 2.5-5.5 cm. Cymes terminal, 3-flowered, but usually only 1 fertile. Capsule oblong; persistent calyx 4-sided, narrowly winged. Fl. Jan.-Apr. or Oct.-Dec., fr. Oct.-Dec. or Jan.-May of following year.

果 Fruits

叶 Leaves

花枝 Flowering branches

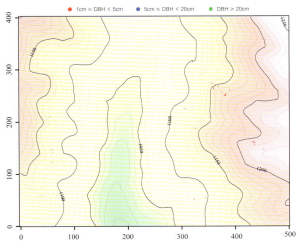

个体分布图 Distribution of individuals

径级分布表 DBH class

胸径等级 （Diameter class） （cm）	个体数 （No. of individuals）	比例 （Proportion） （%）
<2	19	76.00
2~5	6	24.00
5~10	0	0.00
10~20	0	0.00
20~30	0	0.00
30~60	0	0.00
>60	0	0.00

105 少花柏拉木　　*Blastus pauciflorus*　　野牡丹科 Melastomataceae

- 个体数（Individuals number/20hm²）= 2
- 总胸高断面积（Basal area）= 0.0002m²
- 重要值（Importance value）= 0.0086
- 重要值排序（Importance value rank）= 214
- 最大胸径（Max DBH）= 1.3cm

灌木。全株被腺点。叶卵状披针形至卵形。聚伞花序组成圆锥花序；萼齿长不及 1mm；花瓣长约 2.5mm；花丝长约 3mm。蒴果椭圆形。花期 7 月，果期 10 月。

Shrubs, with glandular spots throughout. Leaf blade ovate-lanceolate to ovate. Panicled cymose; Calyx lobes less than 1 mm; petals ca. 2.5 mm; filaments ca. 3 mm. Capsule ellipsoid. Fl. Jul., fr. Oct..

枝 Branch

花 Flowers

花枝 Flowering branches

径级分布表 DBH class

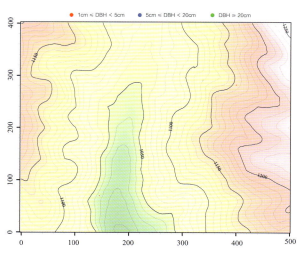

个体分布图 Distribution of individuals

胸径等级 (Diameter class) (cm)	个体数 (No. of individuals)	比例 (Proportion) (%)
<2	2	100.00
2~5	0	0.00
5~10	0	0.00
10~20	0	0.00
20~30	0	0.00
30~60	0	0.00
>60	0	0.00

106 野鸦椿 *Euscaphis japonica* 省沽油科 Staphyleaceae

- 个体数 （Individuals number/20hm²）= 16
- 总胸高断面积 （Basal area）= 0.2284m²
- 重要值 （Importance value）= 0.0897
- 重要值排序 （Importance value rank）= 166
- 最大胸径 （Max DBH）= 40.8cm

落叶小乔木或灌木。枝叶揉碎后发出恶臭味。羽状复叶对生；5~11 小叶，小叶长卵形，齿尖有腺体。圆锥花序。蓇葖果。花期 5~6 月，果期 8~9 月。

Small deciduous trees or shrubs. Branches and leaves with unpleasant odor when crushed. Leaves pinnate, opposite; leaflets 5-11, oblong, margin serrulate with glandular teeth. Inflorescences panicle. Follicle. Fl. May-Jun., fr. Aug.-Sep..

树干 Trunk

叶 Leaves

果 Fruits

径级分布表 DBH class

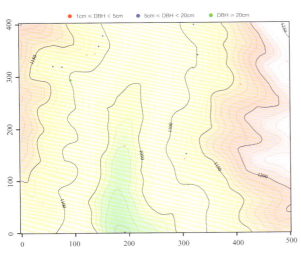

个体分布图 Distribution of individuals

胸径等级 （Diameter class） （cm）	个体数 （No. of individuals）	比例 （Proportion） （%）
<2	5	31.25
2~5	2	12.50
5~10	4	25.00
10~20	4	25.00
20~30	0	0.00
30~60	1	6.25
>60	0	0.00

107 锐尖山香圆　　*Turpinia arguta*　　省沽油科 Staphyleaceae

- 个体数（Individuals number/20hm²）= 47
- 总胸高断面积（Basal area）= 0.0089m²
- 重要值（Importance value）= 0.1831
- 重要值排序（Importance value rank）= 145
- 最大胸径（Max DBH）= 3.8cm

落叶灌木。单叶对生，椭圆形或长椭圆形，长7~22cm，宽2~6cm，边缘具疏锯齿，齿尖具硬腺体。圆锥花序。果近球形。花期3~4月，果期9~10月。

Deciduous shrubs. Leaves simple, alternate, blade elliptic to oblong-oval 7-22 cm × 2-6 cm, margin sparsely glandular serrulate. Inflorescences panicle. Fruit subglobose. Fl. Mar.-Apr., fr. Sep.-Oct..

花 Flowers

叶背 Leaf abaxial surface

花枝 Flowering branches

径级分布表 DBH class

胸径等级 （Diameter class） （cm）	个体数 （No. of individuals）	比例 （Proportion） （%）
<2	44	93.62
2~5	3	6.38
5~10	0	0.00
10~20	0	0.00
20~30	0	0.00
30~60	0	0.00
>60	0	0.00

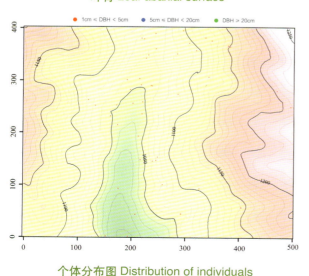

个体分布图 Distribution of individuals

108 中国旌节花　*Stachyurus chinensis*　　旌节花科 Stachyuraceae

- 个体数（Individuals number/20hm²）= 28
- 总胸高断面积（Basal area）= 0.0118m²
- 重要值（Importance value）= 0.0810
- 重要值排序（Importance value rank）= 169
- 最大胸径（Max DBH）= 3.9cm

落叶灌木。叶柄长 1~2cm，常暗紫色；叶互生，长 5~12cm，宽 3~7cm。穗状花序先叶开放，长 5~10cm；花黄色。果实圆球形，直径 6~7cm。花期 3~4 月，果期 5~7 月。

Deciduous shrubs. Petiole 1-2 cm, usually dark purple; leaves alternate, blade 5-12 cm × 3-7 cm. Spikes appearing before leaves, 5-10 cm; flowers yellow. Fruit globose, 6-7 cm in diam. Fl. Mar.-Apr., fr. May-Jul..

花 Flowers

果枝 Fruiting branches

枝叶 Branch and leaves

径级分布表 DBH class

胸径等级 (Diameter class) (cm)	个体数 (No. of individuals)	比例 (Proportion) (%)
<2	20	71.43
2~5	8	28.57
5~10	0	0.00
10~20	0	0.00
20~30	0	0.00
30~60	0	0.00
>60	0	0.00

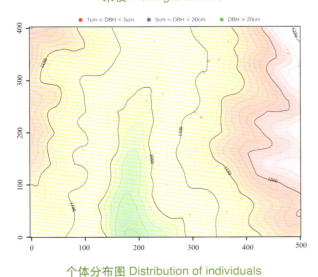

个体分布图 Distribution of individuals

1cm ≤ DBH < 5cm　　5cm ≤ DBH < 20cm　　DBH ≥ 20cm

109 瘿椒树 *Tapiscia sinensis* 瘿椒树科 Tapisciaceae

- 个体数 （Individuals number/20hm²）= 2
- 总胸高断面积 （Basal area）= 0.0081m²
- 重要值 （Importance value）= 0.095
- 重要值排序 （Importance value rank）= 210
- 最大胸径 （Max DBH）= 8.3cm

落叶乔木。奇数羽状复叶，长达 30cm；小叶 5~9，长 6~14cm，宽 3.5~6cm。雄花序长达 25cm，两性花的花序长约 10cm。果序长达 10cm，核果长仅达 7mm。花期 3~5 月，果期 5~6 月。

Deciduous trees. Leaves odd-pinnate, up to 30 cm; leaflets 5-9, 6-14 cm × 3.5-6 cm. Male inflorescence up to 25 cm, bisexual inflorescence ca. 10 cm. Infructescences up to 10 cm, drupe ca. 7 mm. Fl. Mar.-May, fr. May-Jun..

叶 Leaves

果枝 Fruiting branches

整株 Whole plant

径级分布表 DBH class

胸径等级 （Diameter class） （cm）	个体数 （No. of individuals）	比例 （Proportion） （%）
<2	0	0.00
2~5	0	0.00
5~10	2	100.00
10~20	0	0.00
20~30	0	0.00
30~60	0	0.00
>60	0	0.00

个体分布图 Distribution of individuals

● 1cm ≤ DBH < 5cm   ● 5cm ≤ DBH < 20cm   ● DBH ≥ 20cm

110 南酸枣 *Choerospondias axillaris* 漆树科 Anacardiaceae

- 个体数 （Individuals number/20hm²）= 137
- 总胸高断面积 （Basal area）= 4.1383m²
- 重要值 （Importance value）= 0.9276
- 重要值排序 （Importance value rank）= 78
- 最大胸径 （Max DBH）= 61.9cm

落叶乔木。奇数羽状复叶；3~6 对小叶，卵形，基部偏斜。雄花聚伞圆锥花序；雌花单生；子房 5 室。核果椭圆形或倒卵状椭圆形，顶端 5 个眼孔。

Deciduous trees. Leaves imparipinnately compound; leaflets 3-6-paired, ovate, base oblique. Male flowers arranged in pleiothyrsoids; female flowers solitary; ovary 5-locular. Drupe ellipsoidal, with 5 holes at apex.

树干 Trunk

枝叶 Branch and leaves

果 Fruits

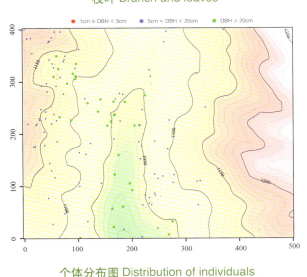

个体分布图 Distribution of individuals

径级分布表 DBH class

胸径等级 (Diameter class) (cm)	个体数 (No. of individuals)	比例 (Proportion) (%)
<2	2	1.46
2~5	12	8.76
5~10	24	17.52
10~20	67	48.91
20~30	17	12.41
30~60	14	10.22
>60	1	0.73

111 盐肤木　　*Rhus chinensis*　　漆树科 Anacardiaceae

- 个体数（Individuals number/20hm²）= 11
- 总胸高断面积（Basal area）= 0.0425m²
- 重要值（Importance value）= 0.0420
- 重要值排序（Importance value rank）= 185
- 最大胸径（Max DBH）= 14.1cm

落叶小乔木或灌木。奇数羽状复叶有小叶 7~13，背面密被锈色柔毛；叶轴有翅。圆锥花序；花杂性，有花瓣；子房 1 室。核果小，有咸味。花期 8~9 月，果期 10 月。

Deciduous small trees or shrubs. Leaves imparipinnately compound, leaflets 7-13, abaxially densely ferruginous pubescent; rachis winged. Inflorescence paniculate; flowers polygamous, with petals; ovary 1-locular. Drupe small, salty taste. Fl. Aug.-Sep., fr. Oct..

花 Flowers

花枝 Flowering branches

叶 Leaves

径级分布表 DBH class

胸径等级 （Diameter class） （cm）	个体数 （No. of individuals）	比例 （Proportion） （%）
<2	0	0.00
2~5	6	54.55
5~10	4	36.36
10~20	1	9.09
20~30	0	0.00
30~60	0	0.00
>60	0	0.00

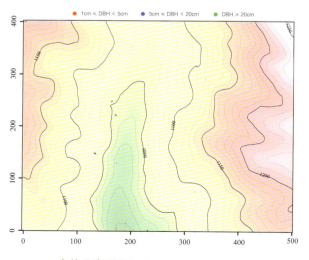

个体分布图 Distribution of individuals

112 野漆 *Toxicodendron succedaneum* 漆树科 Anacardiaceae

- 个体数 (Individuals number/20hm²) = 754
- 总胸高断面积 (Basal area) = 3.9143m²
- 重要值 (Importance value) = 2.1448
- 重要值排序 (Importance value rank) = 40
- 最大胸径 (Max DBH) = 27.9cm

落叶乔木或小乔木；高达 10m。奇数羽状复叶互生；小叶 4~7 对，长圆状椭圆形或卵状披针形，长 5~16cm。圆锥花序腋生。核果偏斜。

Deciduous small trees or shrubs, 10 m tall. Leaf blade imparipinnately compound; leaflets 4-7-paired, oblong-elliptic to ovate-lanceolate, 5-16 cm. Panicles axillary. Drupe asymmetrical.

花 Flowers

枝叶 Branch and leaves

果 Fruits

径级分布表 DBH class

胸径等级 (Diameter class) (cm)	个体数 (No. of individuals)	比例 (Proportion) (%)
<2	184	24.40
2~5	275	36.47
5~10	144	19.10
10~20	130	17.24
20~30	21	2.79
30~60	0	0.00
>60	0	0.00

个体分布图 Distribution of individuals

113 青榨槭　　*Acer davidii*　　无患子科 Sapindaceae

- 个体数（Individuals number/20hm²）= 237
- 总胸高断面积（Basal area）= 4.3478m²
- 重要值（Importance value）= 1.1976
- 重要值排序（Importance value rank）= 67
- 最大胸径（Max DBH）= 47.1cm

落叶乔木。叶长圆卵形，长 6~14cm，宽 4~9cm。花黄绿色，杂性。翅果翅宽约 1~1.5cm，连同小坚果共长 2.5~3cm，展开成钝角或几成水平。花期 4 月，果期 9 月。

Deciduous trees. Leaf blade ovate-oblong, 6-14 cm × 4-9 cm. Flowers greenish yellow. Andromonoecious. Wing ca. 1-1.5 cm, including nutlet 2.5-3 cm, wings spreading horizontally or obtusely. Fl. Apr., fr. Sep..

树干 Trunk

叶背 Leaf abaxial surface

果枝 Fruiting branches

径级分布表 DBH class

胸径等级 （Diameter class） （cm）	个体数 （No. of individuals）	比例 （Proportion） （%）
<2	56	23.63
2~5	54	22.78
5~10	16	6.75
10~20	57	24.05
20~30	42	17.72
30~60	12	5.06
>60	0	0.00

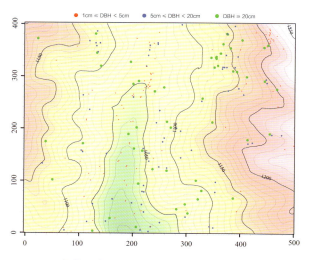

个体分布图 Distribution of individuals

114 罗浮槭 *Acer fabri* 无患子科 Sapindaceae

- 个体数（Individuals number/20hm²）= 655
- 总胸高断面积（Basal area）= 2.2237m²
- 重要值（Importance value）= 1.1423
- 重要值排序（Importance value rank）= 71
- 最大胸径（Max DBH）= 25.9cm

常绿乔木。叶披针形，长7~11cm，宽2~3cm，全缘。花杂性；萼片紫色；花瓣白色。翅与小坚果长3~3.4cm，宽8~10mm，张开成钝角。花期3~4月，果期9月。

Evergreen trees. Leaf blade lanceolate, 7-11 cm × 2-3 cm, margin entire. Andromonoecious; sepals purple; petals white. Wing including nutlet 3-3.4 cm × 8-10 mm, wings spreading obtusely. Fl. Mar.-Apr., fr. Sep..

叶背 Leaf abaxial surface

果枝 Fruiting branches

花 Flowers

径级分布表 DBH class

胸径等级 （Diameter class） （cm）	个体数 （No. of individuals）	比例 （Proportion） （%）
<2	160	24.43
2~5	275	41.98
5~10	147	22.44
10~20	68	10.38
20~30	5	0.76
30~60	0	0.00
>60	0	0.00

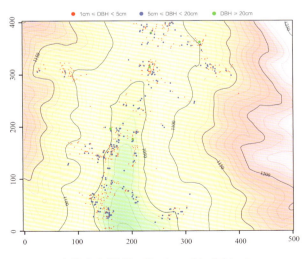

个体分布图 Distribution of individuals

115 中华槭 *Acer sinense* 无患子科 Sapindaceae

- 个体数（Individuals number/20hm²）= 154
- 总胸高断面积（Basal area）= 1.1412m²
- 重要值（Importance value）= 0.5070
- 重要值排序（Importance value rank）= 110
- 最大胸径（Max DBH）= 29.8cm

落叶乔木。叶长 10~14cm，宽 12~15cm，常 5 裂。花杂性；萼片淡绿色；花瓣白色。小坚果特别凸起；翅宽 1cm，连同小坚果长 3~3.5cm。花期 5 月，果期 9 月。

Deciduous trees. Leaf blade 10-14 cm × 12-15 cm, usually 5-lobed. Andromonoecious. Sepals light green; petals white. Nutlets convex; wings 1 cm, including nutlets 3-3.5 cm. Fl. May, fr. Sep..

树干 Trunk

叶 Leaves

枝叶 Branch and leaves

径级分布表 DBH class

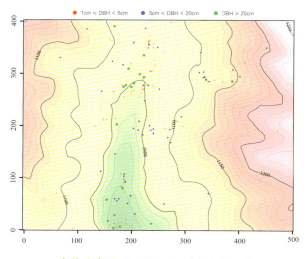

个体分布图 Distribution of individuals

胸径等级 （Diameter class） （cm）	个体数 （No. of individuals）	比例 （Proportion） （%）
<2	39	25.32
2~5	47	30.52
5~10	37	24.03
10~20	16	10.39
20~30	15	9.74
30~60	0	0.00
>60	0	0.00

116 岭南槭 *Acer tutcheri* 无患子科 Sapindaceae

- 个体数（Individuals number/20hm²）= 321
- 总胸高断面积（Basal area）= 1.2493m²
- 重要值（Importance value）= 0.8714
- 重要值排序（Importance value rank）= 82
- 最大胸径（Max DBH）= 37.5cm

落叶乔木。叶长 6~7cm，宽 8~11cm，常 3 裂稀 5 裂。花杂性；萼片 4，黄绿色；花瓣淡黄白色。翅宽 8~10mm，连同小坚果长 2~2.5cm，张开成钝角。花期 4 月，果期 9 月。

Deciduous trees. Leaf blade 6-7 cm × 8-11 cm, usually 3-lobed, rarely 5-lobed. Andromonoecious; sepals 4, greenish yellow; petals yellowish white. Wings 8-10 mm, including nutlet 2-2.5 cm, spreading obtusely. Fl. Apr., fr. Sep..

叶 Leaves

果 Fruits

花 Flowers

径级分布表 DBH class

胸径等级 (Diameter class) (cm)	个体数 (No. of individuals)	比例 (Proportion) (%)
<2	78	24.30
2~5	112	34.89
5~10	89	27.73
10~20	40	12.46
20~30	1	0.31
30~60	1	0.31
>60	0	0.00

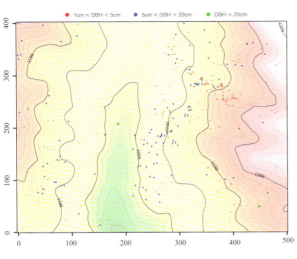

个体分布图 Distribution of individuals

117 华南吴萸　　*Tetradium austrosinense*　　芸香科 Rutaceae

- 个体数（Individuals number/20hm²）= 29
- 总胸高断面积（Basal area）= 0.4133m²
- 重要值（Importance value）= 0.1639
- 重要值排序（Importance value rank）= 150
- 最大胸径（Max DBH）= 28.5cm

乔木；高 6~20m。羽状复叶；7~11 小叶，卵状椭圆形，长 7~15cm，宽 3~7cm，背被毡毛及细小腺点。花 5 数。蓇葖果。花期 6~7 月，果期 9~11 月。

Trees to 6-20 m tall. Leaves pinnate; 7-11-foliolate, leaflet blades narrowly elliptic, 7-15 cm × 3-7 cm, abaxially with stiff hairs and glandular spots. Flowers 5-merous. Follicles. Fl. Jun.-Jul., fr. Sep.-Nov..

树干 Trunk

果枝 Fruiting branches

枝叶 Branch and leaves

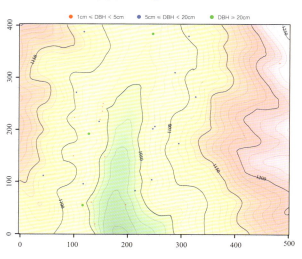

个体分布图 Distribution of individuals

径级分布表 DBH class

胸径等级 （Diameter class） （cm）	个体数 （No. of individuals）	比例 （Proportion） （%）
<2	3	10.34
2~5	9	31.03
5~10	3	10.34
10~20	11	37.93
20~30	3	10.34
30~60	0	0.00
>60	0	0.00

118 楝叶吴萸 *Tetradium glabrifolium* 芸香科 Rutaceae

- 个体数（Individuals number/20hm²）= 11
- 总胸高断面积（Basal area）= 0.3443m²
- 重要值（Importance value）= 0.0888
- 重要值排序（Importance value rank）= 167
- 最大胸径（Max DBH）= 34.3cm

乔木；高达 20m。羽状复叶；5~11 小叶，阔卵形至披针形，长 8~16cm，宽 3~7cm，两面无毛，不对称。二歧聚伞花序；花 5 数。蓇葖果。花期 6~8 月，果期 8~10 月。

Trees to 20 m tall. Leaves pinnate; 5-11-foliolate, leaflet blades broadly ovate to lanceolate, 8-16 cm × 3-7 cm, both surfaces glabrous, asymmetrical. Dichasial cymes; flowers 5-merous. Follicles. Fl. Jun.-Aug., fr. Aug.-Oct..

花枝 Flowering branches

叶背 Leaf abaxial surface

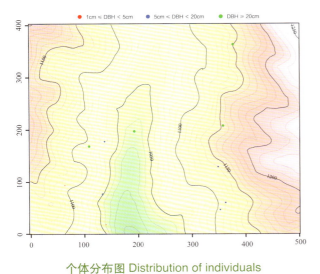

个体分布图 Distribution of individuals

果枝 Fruiting branches

径级分布表 DBH class

胸径等级 (Diameter class) (cm)	个体数 (No. of individuals)	比例 (Proportion) (%)
<2	1	9.09
2~5	1	9.09
5~10	1	9.09
10~20	4	36.36
20~30	1	9.09
30~50	3	27.27
>60	0	0.00

119 苦木　　　*Picrasma quassioides*　　　苦木科 Simaroubaceae

- 个体数（Individuals number/20hm²）= 32
- 总胸高断面积（Basal area）= 0.3744m²
- 重要值（Importance value）= 0.1581
- 重要值排序（Importance value rank）= 152
- 最大胸径（Max DBH）= 27.3cm

落叶乔木。叶互生，奇数羽状复叶，长 15~30cm；小叶 9~15，边缘具锯齿。花雌雄异株；花瓣 5。核果长 6~8mm，宽 5~7mm。花期 4~5 月，果期 6~9 月。

Deciduous trees. Leaves alternate, odd-pinnate, 15-30 cm; leaflets 9-15, margin serrulate. Flowers dioecious; petals 5. Drupe 6-8 mm × 5-7 mm. Fl. Apr.-May, fr. Jun.-Sep..

树干 Trunk

叶背 Leaf abaxial surface

枝叶 Branch and leaves

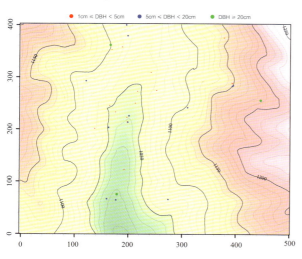

个体分布图 Distribution of individuals

径级分布表 DBH class

胸径等级 （Diameter class） （cm）	个体数 （No. of individuals）	比例 （Proportion） （%）
<2	7	21.88
2~5	10	31.25
5~10	2	6.25
10~20	10	31.25
20~30	3	9.38
30~60	0	0.00
>60	0	0.00

120 香椿 *Toona sinensis* 楝科 Meliaceae

- 个体数（Individuals number/20hm²）= 36
- 总胸高断面积（Basal area）= 0.7755m²
- 重要值（Importance value）= 0.2068
- 重要值排序（Importance value rank）= 139
- 最大胸径（Max DBH）= 45.2cm

乔木。羽状复叶，16~20 小叶，两面无毛。雄蕊 10 枚，子房 5 室，每室有胚珠 8 颗。蒴果椭圆形，长 2~3.5cm，有 5 纵棱。花期 6~8 月，果期 10~12 月。

Tree. Leaves pinnate, leaflets 16-20, both surfaces glabrous. Stamens 10, ovary 5-locular, 8 per locule. Capsule ellipsoid, 2-3.5 cm, with 5 longitudinal ribs. Fl. Jun.-Aug., fr. Oct.-Dec..

整株 Whole plant

枝叶 Branch and leaves

叶背 Leaf abaxial surface

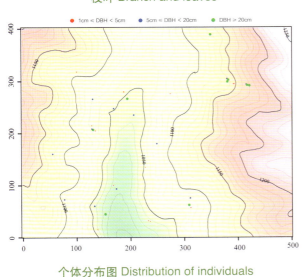

个体分布图 Distribution of individuals

径级分布表 DBH class

胸径等级 （Diameter class） （cm）	个体数 （No. of individuals）	比例 （Proportion） （%）
<2	4	11.11
2~5	11	30.56
5~10	5	13.89
10~20	7	19.44
20~30	5	13.89
30~60	4	11.11
>60	0	0.00

121 白毛椴 *Tilia endochrysea* 锦葵科 Malvaceae

- 个体数 (Individuals number/20hm²) = 319
- 总胸高断面积 (Basal area) = 5.5907m²
- 重要值 (Importance value) = 1.4654
- 重要值排序 (Importance value rank) = 57
- 最大胸径 (Max DBH) = 51.5cm

乔木；高 12m。叶卵形，长 9~16cm，宽 6~13cm，边缘有锯齿，叶背被灰白色星状茸毛。聚伞花序长 9~16cm；苞片狭长圆形。果实球形，5 片裂。花期 7~8 月。

Trees to 12 m tall. Leaf blade ovate, 9-16 cm × 6-13 cm, margin serrulate, abaxially gray-white stellate tomentose. Cymes 9-16 cm; bracts narrowly oblong. Fruit globose, dehiscent into 5-valves. Fl. Jul.-Aug..

树干 Trunk

叶背 Leaf abaxial surface

枝叶 Branch and leaves

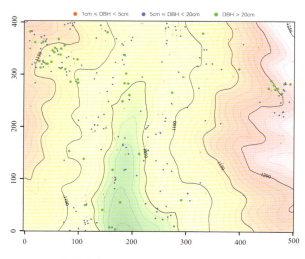

个体分布图 Distribution of individuals

径级分布表 DBH class

胸径等级 (Diameter class) (cm)	个体数 (No. of individuals)	比例 (Proportion) (%)
<2	21	6.58
2~5	64	20.06
5~10	69	21.63
10~20	115	36.05
20~30	41	12.85
30~60	9	2.82
>60	0	0.00

122 北江荛花　　*Wikstroemia monnula*　　瑞香科 Thymelaeaceae

- 个体数 （Individuals number/20hm²）= 7
- 总胸高断面积 （Basal area）= 0.0018m²
- 重要值 （Importance value）= 0.0301
- 重要值排序 （Importance value rank）= 191
- 最大胸径 （Max DBH）= 2.7cm

灌木。叶对生或近对生，长 1~3.5cm，宽 0.5~1.5cm。总状花序顶生，有（8）12 花；花萼顶端 4 裂。果卵圆形，基部为宿存花萼所包被。花期 4~8 月，随即结果。

Shrubs. Leaves opposite to subopposite; 1-3.5 cm × 0.5-1.5 cm. Racemes terminal, (8-)12-flowered; calyx 4-lobed apically. Fruit ovoid-globose, bottom enclosed by persistent calyx. Fl. and fr. Apr.-Aug..

花枝 Flowering branches

叶背 Leaf abaxial surface

花 Flowers

径级分布表 DBH class

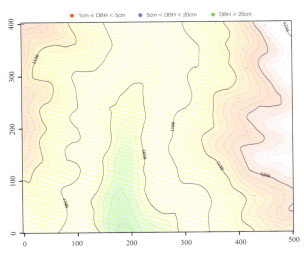

个体分布图 Distribution of individuals

胸径等级 （Diameter class） （cm）	个体数 （No. of individuals）	比例 （Proportion） （%）
<2	6	85.71
2~5	1	14.29
5~10	0	0.00
10~20	0	0.00
20~30	0	0.00
30~60	0	0.00
>50	0	0.00

123 伯乐树　　*Bretschneidera sinensis*　　叠珠树科 Akaniaceae

- 个体数（Individuals number/20hm²）= 22
- 总胸高断面积（Basal area）= 0.1700m²
- 重要值（Importance value）= 0.1034
- 重要值排序（Importance value rank）= 161
- 最大胸径（Max DBH）= 21.9cm

乔木。羽状复叶通常长 25~45cm；小叶 7~15 片，狭椭圆形。花序长 20~36cm；花瓣阔匙形，内面有红色纵条纹。果椭圆球形，长 3~5.5cm，直径 2~3.5cm。花期 3~9 月，果期 5 月至翌年 4 月。

Trees. Pinnate leaf 25-45 cm; leaflets 7-15, narrowly elliptic. Inflorescence 20-36 cm; petals broadly spatulate, longitudinally striate inside. Fruit ovoid-globose, 3-5.5 cm × 2-3.5 cm. Fl. Sep., fr. May-Apr. of following year.

整株 Whole plant

花 Flower

花枝 Flowering branches

径级分布表 DBH class

胸径等级 (Diameter class) (cm)	个体数 (No. of individuals)	比例 (Proportion) (%)
<2	4	18.18
2~5	6	27.27
5~10	5	22.73
10~20	6	27.27
20~30	1	4.55
30~60	0	0.00
>60	0	0.00

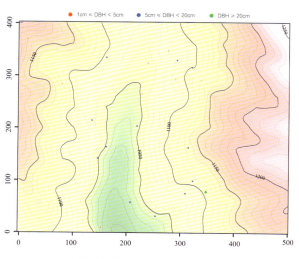

个体分布图 Distribution of individuals

1cm ≤ DBH < 5cm　　5cm ≤ DBH < 20cm　　DBH ≥ 20cm

124 华南青皮木 *Schoepfia chinensis* 青皮木科 Schoepfiaceae

- 个体数（Individuals number/20hm²）= 38
- 总胸高断面积（Basal area）= 0.0504m²
- 重要值（Importance value）= 0.1044
- 重要值排序（Importance value rank）= 160
- 最大胸径（Max DBH）= 11.4cm

落叶小乔木；高 2~6m。叶长椭圆形或卵状披针形，长 5~9cm，宽 2~4.5cm。花 2~3（4）朵。果椭圆状或长圆形，基座边缘具 1 枚小裂齿。花期 2~4 月，果期 4~6 月。

Deciduous small tree, 2-6 m tall. Leaf blade oblong-elliptic or ovate-lanceolate, 5-9 × 2-4 cm. Inflorescences 2-3-flowered. Fruit ellipsoid or oblong, disk margin with 1 serrate. Fl. Feb.-Apr., fr. Apr.-Jun..

树干 Trunk

枝叶 Branch and leaves

果 Fruits

径级分布表 DBH class

胸径等级 （Diameter class） （cm）	个体数 （No. of individuals）	比例 （Proportion） （%）
<2	8	21.05
2~5	24	63.16
5~10	5	13.16
10~20	1	2.63
20~30	0	0.00
30~60	0	0.00
>60	0	0.00

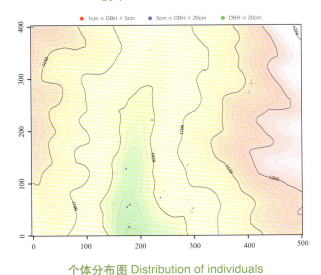

个体分布图 Distribution of individuals

125 蓝果树　　*Nyssa sinensis*　　蓝果树科 Nyssaceae

- 个体数（Individuals number/20hm²）= 166
- 总胸高断面积（Basal area）= 3.3471m²
- 重要值（Importance value）= 0.9805
- 重要值排序（Importance value rank）= 77
- 最大胸径（Max DBH）= 62.3cm

落叶乔木；高达 20 余 m。叶柄淡紫绿色，长 1.5~2cm；叶互生，椭圆形，长 12~15cm，宽 5~6cm。花序伞形或短总状；花单性。核果熟时深蓝色。花期 4 月下旬，果期 9 月。

Deciduous trees, 20 m tall. Petiole purplish green, 1.5-2 cm; leaf alternate, leaf blade elliptic, 12-15 cm × 5-6 cm. Inflorescences umbels or short racemes; flowers unisexual. Drupe bluish. Fl. late Apr., fr. Sep..

树干 Trunk

花枝 Flowering branches

果 Fruits

径级分布表 DBH class

胸径等级 （Diameter class） （cm）	个体数 （No. of individuals）	比例 （Proportion） （%）
<2	7	4.22
2~5	24	14.46
5~10	28	16.87
10~20	74	44.58
20~30	29	17.47
30~60	3	1.81
>60	1	0.60

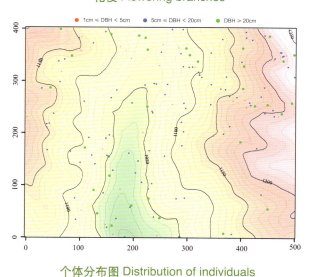

个体分布图 Distribution of individuals

126 中国绣球 *Hydrangea chinensis* 绣球花科 Hydrangeaceae

- 个体数 （Individuals number/20hm²）= 8
- 总胸高断面积 （Basal area）= 0.0014m²
- 重要值 （Importance value）= 0.0269
- 重要值排序 （Importance value rank）= 198
- 最大胸径 （Max DBH）= 1.9cm

落叶灌木。小枝、叶柄被毛。叶近无毛，长圆形或狭椭圆形，有时近倒披针形，长 6~12cm，宽 2~4cm。伞房式 3~5 个聚伞花序。花期 5~6 月，果期 9~10 月。

Deciduous shrubs. Branchlets and petioles pubescent. Leaf blade nearly glabrous, oblong or narrowly elliptic, rarely oblanceolate, 6-12 cm × 2-4 cm. Cymes 3-5, corymbose. Fl. May-Jun., fr. Sep.-Oct..

花 Flowers

花枝 Flowering branches

果枝 Fruiting branches

径级分布表 DBH class

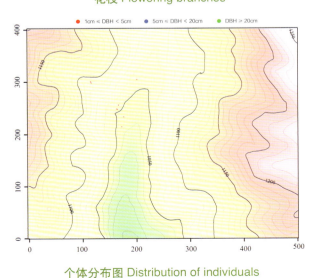

个体分布图 Distribution of individuals

胸径等级 （Diameter class） （cm）	个体数 （No. of individuals）	比例 （Proportion） （%）
<2	8	100.00
2~5	0	0.00
5~10	0	0.00
10~20	0	0.00
20~30	0	0.00
30~60	0	0.00
>60	0	0.00

127 圆锥绣球　　*Hydrangea paniculata*　　绣球花科 Hydrangeaceae

- 个体数（Individuals number/20hm²）= 4
- 总胸高断面积（Basal area）= 0.0084m²
- 重要值（Importance value）= 0.0250
- 重要值排序（Importance value rank）= 200
- 最大胸径（Max DBH）= 3cm

灌木或小乔木。叶 2~3 片对生或轮生，卵形或椭圆形，长 5~14cm，宽 2~6.5cm。圆锥状聚伞花序尖塔形，长达 26cm。蒴果椭圆形；种子两端具翅。花期 7~8 月，果期 10~11 月。

Shrubs or small trees. Leaves 2-opposite or 3-verticillate, leaf blade ovate or elliptic, 5-14 cm × 2-6.5 cm. Paniculate cymes pyramidal, to 26cm. Capsule ellipsoid; seeds narrowly winged at both ends. Fl. Jul.-Aug., fr. Oct.-Nov..

花 Flowers

叶背 Leaf abaxial surface

叶 Leaves

径级分布表 DBH class

胸径等级 (Diameter class) (cm)	个体数 (No. of individuals)	比例 (Proportion) (%)
<2	1	25.00
2~5	3	75.00
5~10	0	0.00
10~20	0	0.00
20~30	0	0.00
30~60	0	0.00
>60	0	0.00

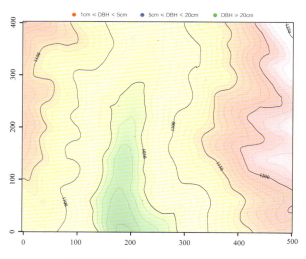

个体分布图 Distribution of individuals

1cm ≤ DBH < 5cm　　5cm ≤ DBH < 20cm　　DBH ≥ 20cm

128 蜡莲绣球　　　　*Hydrangea strigosa*　　　　绣球花科 Hydrangeaceae

- 个体数（Individuals number/20hm²）＝81
- 总胸高断面积（Basal area）＝0.0511m²
- 重要值（Importance value）＝0.1380
- 重要值排序（Importance value rank）＝154
- 最大胸径（Max DBH）＝3.9cm

灌木；高 1~3m。树皮常剥落。叶长 8~28cm，宽 2~10cm，边缘具齿。伞房状聚伞花序直径达 28cm。蒴果坛状；种子两端各具长 0.2~0.25mm 的翅。花期 7~8 月，果期 11~12 月。

Shrubs, 1-3 m tall. Bark usually peeled off into fragments. Leaf blade 8-28 cm × 2-10 cm, margin serrulate. Corymbose cymes, to 28 cm. Capsule urn-shaped; winged at both ends; wings 0.2-0.25 mm. Fl. Jul.-Aug., fr. Nov.-Dec..

花 Flowers

叶 Leaves

叶背 Leaf abaxial surface

径级分布表 DBH class

胸径等级 （Diameter class） （cm）	个体数 （No. of individuals）	比例 （Proportion） （%）
<2	43	53.09
2~5	38	46.91
5~10	0	0.00
10~20	0	0.00
20~30	0	0.00
30~60	0	0.00
>60	0	0.00

个体分布图 Distribution of individuals

129 冠盖藤 *Pileostegia viburnoides* 绣球花科 Hydrangeaceae

- 个体数 (Individuals number/20hm²) = 5
- 总胸高断面积 (Basal area) = 0.0076m²
- 重要值 (Importance value) = 0.0100
- 重要值排序 (Importance value rank) = 209
- 最大胸径 (Max DBH) = 3.8cm

攀缘状灌木；长达15m。小枝无毛，或少量疏被星毛。叶对生，薄革质，椭圆状倒披针形或长椭圆形，基部楔形。圆锥花序顶生。蒴果圆锥形；种子具翅。花期7~8月，果期9~12月。

Scandent shrubs, 15 m long. Branchlets glabrous or sparsely stellate pubescent. Leaves opposite, thin leathery, blade elliptic-oblanceolate or narrowly elliptic, base cuneate. Panicles terminal. Capsule conical; seed winged. Fl. Jul.-Aug., fr. Sep.-Dec..

果枝 Fruiting branches

果 Fruits

叶 Leaves

径级分布表 DBH class

胸径等级 (Diameter class) (cm)	个体数 (No. of individuals)	比例 (Proportion) (%)
<2	1	20.00
2~5	4	80.00
5~10	0	0.00
10~20	0	0.00
20~30	0	0.00
30~60	0	0.00
>60	0	0.00

个体分布图 Distribution of individuals

1cm ≤ DBH < 5cm   5cm ≤ DBH < 20cm   DBH ≥ 20cm

130 八角枫　　*Alangium chinense*　　山茱萸科 Cornaceae

- 个体数（Individuals number/20hm²）= 316
- 总胸高断面积（Basal area）= 6.5058m²
- 重要值（Importance value）= 1.4741
- 重要值排序（Importance value rank）= 56
- 最大胸径（Max DBH）= 42.1cm

乔木或灌木。叶近圆形或椭圆形、卵形，长13~19（26）cm，宽9~15cm，不裂或3~7（9）裂。聚伞花序腋生；花长1~1.5cm；雄蕊6~8枚。核果卵圆形。花期5~7月和9~10月，果期7~11月。

Shrubs or small trees. Leaf blade subrounded or elliptic, ovate, 13-19 (26) cm × 9-15 cm, margin entire or with 3-9 lobes. Cymes axillary; flowers 1-1.5 cm; stamens 6-8. Capsule ovoid. Fl. May-Jul, Sep.-Oct., fr. Jul.-Nov..

树干 Trunk

花 Flowers

叶 Leaves

径级分布表 DBH class

胸径等级 （Diameter class） （cm）	个体数 （No. of individuals）	比列 （Proportion） （%）
<2	15	4.75
2~5	35	11.08
5~10	61	19.30
10~20	133	42.09
20~30	65	20.57
30~60	7	2.22
>60	0	0.00

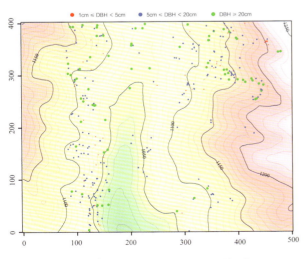

个体分布图 Distribution of individuals

131 灯台树　　　*Cornus controversa*　　　山茱萸科 Cornaceae

- 个体数（Individuals number/20hm²）= 39
- 总胸高断面积（Basal area）= 0.7040m²
- 重要值（Importance value）= 0.2126
- 重要值排序（Importance value rank）= 137
- 最大胸径（Max DBH）= 42.1cm

落叶乔木。枝有叶痕和皮孔。叶互生，阔卵形，长6~13cm，宽3.5~9cm。伞房状聚伞花序顶生，宽7~13cm；花小，白色。核果球形，直径6~7mm。花期5~6月，果期7~8月。

Deciduous trees. Branches with leaf scars and lenticels. Leaves alternate, broadly ovate, 6-13 cm × 3.5-9 cm. Corymbose cymes terminal, 7-13 cm in diam. Flowers small, white. Drupe globose, 6-7 mm in diam. Fl, May-Jun., fr. Jul.-Aug..

树干 Trunk

枝叶 Branch and leaves

叶背 Leaf abaxial surface

径级分布表 DBH class

胸径等级 （Diameter class） （cm）	个体数 （No. of individuals）	比例 （Proportion） （%）
<2	3	7.69
2~5	14	35.90
5~10	8	20.51
10~20	10	25.64
20~30	1	2.56
30~60	3	7.69
>60	0	0.00

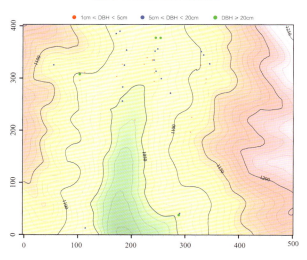

个体分布图 Distribution of individuals

132 香港四照花　　*Cornus hongkongensis*　　山茱萸科 Cornaceae

- 个体数（Individuals number/20hm²）= 296
- 总胸高断面积（Basal area）= 1.2401m²
- 重要值（Importance value）= 0.7570
- 重要值排序（Importance value rank）= 89
- 最大胸径（Max DBH）= 22.7cm

常绿乔木或灌木。叶对生，椭圆形，长 6.2~13cm，宽 3~6.3cm。头状聚伞花序球形，50~70 朵花，直径 1cm。果序球形，直径 2.5cm，被白色细毛。花期 5~6 月，果期 11~12 月。

Evergreen trees or shrubs. Leaves opposite, leaf blade elliptic, 6.2-13 cm × 3-6.3 cm. Capitate cymes globose, ca. 50-70 flowered, 1 cm in diam. Infructescences globose，2.5 cm in diam, pubescent with white trichomes. Fl. May-Jun., fr. Nov.-Dec..

树干 Trunk

果 Fruit

花 Flowers

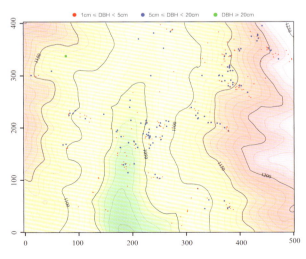

个体分布图 Distribution of individuals

径级分布表 DBH class

胸径等级 (Diameter class) (cm)	个体数 (No. of individuals)	比例 (Proportion) (%)
<2	55	18.58
2~5	122	41.22
5~10	80	27.03
10~20	38	12.84
20~30	1	0.34
30~60	0	0.00
>60	0	0.00

133 尖叶川杨桐 *Adinandra bockiana* var. *acutifolia* 五列木科 Pentaphylacaceae

- 个体数 (Individuals number/20hm²) = 1925
- 总胸高断面积 (Basal area) = 2.5418m²
- 重要值 (Importance value) = 3.1152
- 重要值排序 (Importance value rank) = 25
- 最大胸径 (Max DBH) = 18.2cm

灌木或小乔木；高 2~9m。1 年生新枝、顶芽、叶柄和花梗被灰褐色平伏短柔毛。叶互生，长 9~13cm，宽 3~4cm。花单朵腋生；花梗长 1~2cm。果圆球形，直径约 1cm。花期 6~8 月，果期 9~11 月。

Shrubs or trees, 2-9 m tall. Current year branchlets, terminal buds, petioles, and pedicels densely grayish brown appressed pubescent. Leaf alternate, 9-13 cm × 3-4 cm. Flowers axillary, solitary; pedicel 1-2 cm. Fruit globose, ca. 1 cm in diam. Fl. Jun.-Aug., fr. Sep.-Nov..

树干 Trunk

果 Fruits

枝叶 Branch and leaves

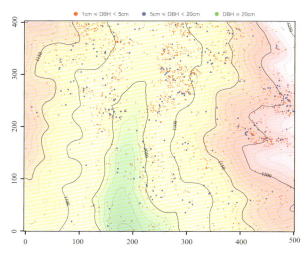
个体分布图 Distribution of individuals

径级分布表 DBH class

胸径等级 (Diameter class) (cm)	个体数 (No. of individuals)	比例 (Proportion) (%)
<2	631	32.78
2~5	1029	53.45
5~10	245	12.73
10~20	20	1.04
20~30	0	0.00
30~60	0	0.00
>60	0	0.00

134 两广杨桐　　*Adinandra glischroloma*　　五列木科 Pentaphylacaceae

- 个体数（Individuals number/20hm²）＝1
- 总胸高断面积（Basal area）＝0.0002m²
- 重要值（Importance value）＝0.0043
- 重要值排序（Importance value rank）＝224
- 最大胸径（Max DBH）＝1.7cm

灌木或小乔木；高 3~8m。叶长圆形，长 8~13cm，宽 2.5~4.5cm，叶背及边缘被长毛，全缘。花梗长 1cm；子房被毛。浆果不开裂。花期 5~6 月，果期 9~10 月。

Shrubs or trees, 3-8 m tall. Leaf blade oblong, 8-13 cm × 2.5-4.5 cm, abaxially hirsute with trichomes projecting beyond margin, margin entire. Pedicel 1 cm; ovary hirsute. Berry indehiscent. Fl. May-Jun., fr. Sep.-Oct..

果 Fruits

枝叶 Branch and leaves

果枝 Fruiting branches

径级分布表 DBH class

胸径等级 (Diameter class) (cm)	个体数 (No. of individuals)	比例 (Proportion) (%)
<2	1	100.00
2~5	0	0.00
5~10	0	0.00
10~20	0	0.00
20~30	0	0.00
30~60	0	0.00
>60	0	0.00

个体分布图 Distribution of individuals

1cm ≤ DBH < 5cm　　5cm ≤ DBH < 20cm　　DBH ≥ 20cm

135 茶梨　　*Anneslea fragrans*　　五列木科 Pentaphylacaceae

- 个体数（Individuals number/20hm²）＝30
- 总胸高断面积（Basal area）＝0.0891m²
- 重要值（Importance value）＝0.1379
- 重要值排序（Importance value rank）＝155
- 最大胸径（Max DBH）＝15.9cm

乔木；高约15m。叶常聚生在近顶端，呈假轮生状，叶形变异很大，长8~13（15）cm，宽3~5.5（7）cm。花螺旋状聚生。果实浆果状，直径2~3.5cm。花期1~3月，果期8~9月。

Shrubs or trees, 15 m tall. Leaves often clustered at apex of branches, pseudoverticillate, leaf blade variable in shape, 8-13(15) cm × 3-5.5(7) cm. Flowers spirally clustered. Fruit baccate, 2-3.5 cm in diam. Fl. Jan.-Mar., fr. Aug.-Sep..

花 Flowers

枝叶 Branch and leaves

果 Fruits

径级分布表 DBH class

胸径等级 （Diameter class） （cm）	个体数 （No. of individuals）	比例 （Proportion） （%）
<2	7	23.33
2~5	15	50.00
5~10	4	13.33
10~20	4	13.33
20~30	0	0.00
30~60	0	0.00
>60	0	0.00

个体分布图 Distribution of individuals

136 红淡比　　*Cleyera japonica*　　五列木科 Pentaphylacaceae

- 个体数（Individuals number/20hm²）= 1096
- 总胸高断面积（Basal area）= 2.7688m²
- 重要值（Importance value）= 2.4277
- 重要值排序（Importance value rank）= 31
- 最大胸径（Max DBH）= 25.7cm

灌木或小乔木。叶长圆形，长 6~9cm，宽 2.5~3.5cm，全缘。花常 2~4 朵腋生；萼片圆形。果梗长 1.5~2cm；果球形，直径 8~10mm。花期 5~6 月，果期 10~11 月。

Shrubs or small trees. Leaf blade oblong, 6-9 cm × 2.5-3.5 cm, margin entire. Flowers axillary, 2-4 in a cluster; sepals orbicular. Fruiting pedicel 1.5-2 cm; fruit globose, 8-10 mm in diam. Fl. May-Jun., fr. Oct.-Nov..

果枝 Fruiting branches

叶 Leaves

花枝 Flowering branches

径级分布表 DBH class

胸径等级 （Diameter class） （cm）	个体数 （No. of individuals）	比例 （Proportion） （%）
<2	312	28.47
2~5	531	48.45
5~10	185	16.88
10~20	62	5.66
20~30	6	0.55
30~60	0	0.00
>60	0	0.00

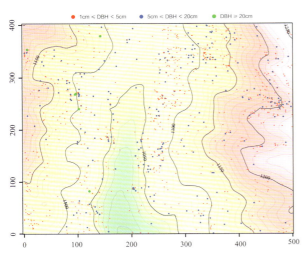

个体分布图 Distribution of individuals

137 厚叶红淡比　　*Cleyera pachyphylla*　　五列木科 Pentaphylacaceae

- 个体数 （Individuals number/20hm²）= 138
- 总胸高断面积 （Basal area）= 0.4205m²
- 重要值 （Importance value）= 0.4616
- 重要值排序 （Importance value rank）= 118
- 最大胸径 （Max DBH）= 20.4cm

灌木或小乔木。全株无毛。叶长圆形，长 8~14cm，宽 3.5~6cm，边缘疏生细齿，稍反卷，下面被红色腺点。花腋生；萼片卵形。果球形。花期 6~7 月，果期 10~11 月。

Shrubs or small trees, glabrous throughout. Leaf blade oblong, 8-14 cm × 3.5-6 cm, margin sparsely serrulate and slightly revolute, abaxially densely reddish punctate. Flowers axillary; sepals ovate. Fruit globose. Fl. Jun.-Jul., fr. Oct.-Nov..

树干 Trunk

叶 Leaves

叶背 Leaf abaxial surface

径级分布表 DBH class

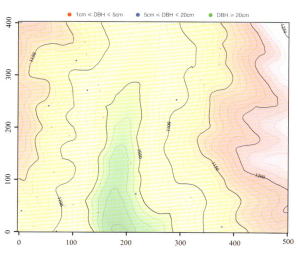

个体分布图 Distribution of individuals

胸径等级 (Diameter class) (cm)	个体数 (No. of individuals)	比例 (Proportion) (%)
<2	32	23.19
2~5	69	50.00
5~10	21	15.22
10~20	15	10.87
20~30	1	0.72
30~60	0	0.00
>60	0	0.00

138 尖叶毛枓　　*Eurya acuminatissima*　　五列木科 Pentaphylacaceae

- 个体数（Individuals number/20hm²）= 2466
- 总胸高断面积（Basal area）= 2.8054m²
- 重要值（Importance value）= 3.6383
- 重要值排序（Importance value rank）= 21
- 最大胸径（Max DBH）= 15.2cm

灌木或小乔木。叶卵状椭圆形，长 5~9cm，宽 1.2~2.5cm，顶端尾状渐尖。萼片圆形；子房及果被毛；花柱 3 裂。果长约 5mm。花期 9~11 月，果期翌年 7~8 月。

Shrubs or small trees. Leaf blade ovate-elliptic, 5-9 cm × 1.2-2.5 cm, apex caudate-acuminate. Sepals orbicular; ovary pubescent; 3-loculed. Fruit ca. 5 mm in diam, pubescent. Fl. Sep.-Nov., fr. Jul.-Aug. of following year.

花 Flowers

果枝 Fruiting branches

枝叶 Branch and leaves

径级分布表 DBH class

胸径等级 （Diameter class） （cm）	个体数 （No. of individuals）	比例 （Proportion） （%）
<2	928	37.53
2~5	1204	48.82
5~10	315	12.77
10~20	19	0.77
20~30	0	0.00
30~60	0	0.00
>60	0	0.00

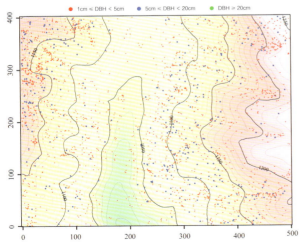

个体分布图 Distribution of individuals

139 翅柃　　*Eurya alata*　　五列木科 Pentaphylacaceae

- 个体数（Individuals number/20hm²）= 726
- 总胸高断面积（Basal area）= 0.9323m²
- 重要值（Importance value）= 1.4291
- 重要值排序（Importance value rank）= 58
- 最大胸径（Max DBH）= 17.8cm

灌木；高 1~3m。叶柄长约 4mm；叶长圆形或椭圆形，长 4~7.5cm，宽 1.5~2.5cm。花 1~3 朵簇生于叶腋；花瓣 5。果实圆球形，直径约 4mm，熟时蓝黑色。花期 10~11 月，果期翌年 6~8 月。

Shrubs to 1-3 m tall. Petiole ca. 4 mm; leaf blade oblong or elliptic, 4-7.5 cm × 1.5-2.5 cm. Flowers axillary, solitary or to 3 in a cluster; petals 5. Fruit globose, ca. 4 mm in diam, bluish black when mature. Fl. Oct.-Nov., fr. Jun.-Aug. of following year.

果枝 Fruiting branches

枝叶 Branch and leaves

叶背 Leaf abaxial surface

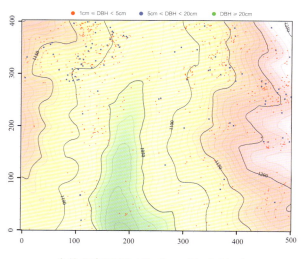

个体分布图 Distribution of individuals

径级分布表 DBH class

胸径等级 (Diameter class) (cm)	个体数 (No. of individuals)	比例 (Proportion) (%)
<2	317	43.66
2~5	311	42.84
5~10	82	11.29
10~20	16	2.20
20~30	0	0.00
30~60	0	0.00
>60	0	0.00

140 微毛柃　　*Eurya hebeclados*　　五列木科 Pentaphylacaceae

- 个体数（Individuals number/20hm²）= 6
- 总胸高断面积（Basal area）= 0.0032m²
- 重要值（Importance value）= 0.0271
- 重要值排序（Importance value rank）= 196
- 最大胸径（Max DBH）= 4.5cm

灌木或小乔木。叶柄长 2~4mm，被微毛；叶长圆状椭圆形，长 4~9cm，宽 1.5~3.5cm。花 4~7 朵簇生于叶腋，白色，花瓣 5。果实圆球形，直径 4~5mm。花期 12 月至翌年 1 月，果期 8~10 月。

Shrubs or small trees. Petiole 2-4 mm, puberulent; leaf blade oblong-elliptic, 4-9 cm × 1.5-3.5 cm. Flowers axillary, 4-7 in a cluster, white, petals 5. Fruit globose, 4-5 mm in diam. Fl. Dec.-Jan., fr. Aug.-Oct..

花 Flowers

叶背 Leaf abaxial surface

果枝 Fruiting branches

径级分布表 DBH class

胸径等级 （Diameter class） （cm）	个体数 （No. of individuals）	比例 （Proportion） （%）
<2	5	83.33
2~5	1	16.67
5~10	0	0.00
10~20	0	0.00
20~30	0	0.00
30~60	0	0.00
>60	0	0.00

个体分布图 Distribution of individuals

141 凹脉柃　　*Eurya impressinervis*　　五列木科 Pentaphylacaceae

- 个体数 （Individuals number/20hm²）＝ 187
- 总胸高断面积 （Basal area）＝ 0.3585m²
- 重要值 （Importance value）＝ 0.5731
- 重要值排序 （Importance value rank）＝ 103
- 最大胸径 （Max DBH）＝ 16.5cm

灌木或小乔木。叶柄长 3~5mm；叶长圆形或长圆状椭圆形，长 7~11cm，宽 2~3.4cm。花 1~4 朵簇生于叶腋；花瓣 5，长约 5mm。果直径 4~5mm。花期 11~12 月，果期翌年 8~10 月。

Shrubs or small trees. Petiole 3-5 mm; leaf blade oblong or oblong-elliptic, 7-11 cm × 2-3.4 cm. Flowers axillary, 1-4 in a cluster; petals 5, ca. 5 mm. Fruit 4-5 mm in diam. Fl. Nov.-Dec., fr. Aug.-Oct. of following year.

叶 Leaves

叶背 Leaf abaxial surface

嫩枝和芽 Young branchlet and bud

径级分布表 DBH class

胸径等级 （Diameter class） （cm）	个体数 （No. of individuals）	比例 （Proportion） （%）
<2	65	34.76
2~5	96	51.34
5~10	21	11.23
10~20	5	2.67
20~30	0	0.00
30~60	0	0.00
>60	0	0.00

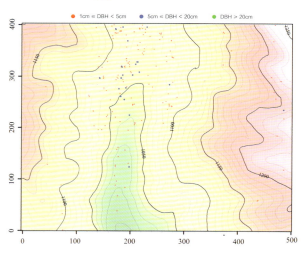

个体分布图 Distribution of individuals

- 1cm ≤ DBH < 5cm
- 5cm ≤ DBH < 20cm
- DBH ≥ 20cm

142 细枝柃　　*Eurya loquaiana*　　五列木科 Pentaphylacaceae

- 个体数（Individuals number/20hm²）= 5052
- 总胸高断面积（Basal area）= 3.1064m²
- 重要值（Importance value）= 5.5082
- 重要值排序（Importance value rank）= 13
- 最大胸径（Max DBH）= 23.1cm

灌木或小乔木。叶长圆状椭圆形、长圆状披针形、卵状披针形、卵形、卵状椭圆形或椭圆形，长 4~9cm，宽 1.5~2.5cm，下面中脉被微毛，边缘细齿。花 1~4 朵簇生；子房无毛；花柱顶端 3 裂。果无毛。花期 10~12 月，果期翌年 7~9 月。

Shrubs or small trees. Leaf blade oblong-elliptic, oblong-lanceolate, ovate-lanceolate, ovate, ovate-elliptic, or elliptic, 4-9 cm × 1.5-2.5 cm, midvein puberulent abaxially, margin serrulate. Flowers axillary, 1-4 in a cluster; ovary glabrous; style apically 3-lobed. Fruit glabrous. Fl. Oct.-Dec., fr. Jul.-Sep. of following year.

枝叶 Branch and leaves

果 Fruits

花 Flowers

径级分布表 DBH class

胸径等级 (Diameter class) (cm)	个体数 (No. of individuals)	比例 (Proportion) (%)
<2	2367	46.85
2~5	2579	51.05
5~10	95	1.88
10~20	9	0.18
20~30	2	0.04
30~60	0	0.00
>60	0	0.00

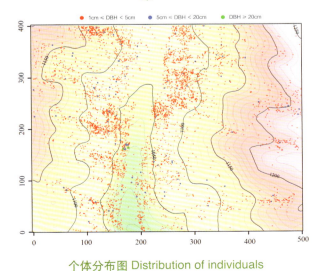

个体分布图 Distribution of individuals

143 黄腺桁　　*Eurya aureopunctata*　　五列木科 Pentaphylacaceae

- 个体数 （Individuals number/20hm²）＝108
- 总胸高断面积 （Basal area）＝0.0633m²
- 重要值 （Importance value）＝0.3552
- 重要值排序 （Importance value rank）＝126
- 最大胸径 （Max DBH）＝14.1cm

灌木或小乔木。叶片长 2~4cm，表面有金黄色腺点。花 1~4 朵簇生于叶腋；雄蕊约 10 枚；花柱较短，长 1~1.5mm。果实圆球形，成熟时黑色，直径 3~4mm。花期 10~12 月，果期翌年 7~9 月。

Shrubs or small trees. Leaf blade 2-4 cm, with golden glandular dots. Flowers axillary, 1-4 in a cluster; stamens ca. 10; style short, 1-1.5 mm. Fruit globose, black when mature, 3-4 mm in diam. Fl. Oct.-Dec., fr. Jul.-Sep. of following year.

果 Fruits

枝叶 Branch and leaves

果枝 Fruiting branches

径级分布表 DBH class

胸径等级 （Diameter class） （cm）	个体数 （No. of individuals）	比例 （Proportion） （%）
<2	84	77.78
2~5	19	17.59
5~10	4	3.70
10~20	1	0.93
20~30	0	0.00
30~60	0	0.00
>50	0	0.00

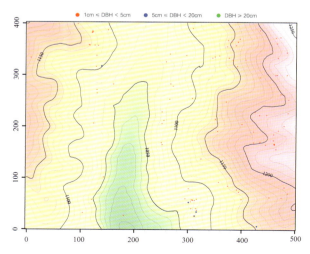

个体分布图 Distribution of individuals

144 黑柃　　*Eurya macartneyi*　　五列木科 Pentaphylacaceae

- 个体数（Individuals number/20hm²）= 969
- 总胸高断面积（Basal area）= 0.8942m²
- 重要值（Importance value）= 1.8392
- 重要值排序（Importance value rank）= 46
- 最大胸径（Max DBH）= 24.7cm

常绿小乔木或灌木。叶长圆形，长 6~14cm，宽 2~4.5cm，基部圆钝，边缘几全缘或上部有齿。子房无毛；花柱 3 枚，离生。浆果球形，果直径约 5mm。花期 11 月至翌年 1 月，果期 6~8 月。

Evergreen small trees or shrubs. Leaf blade oblong, 6-14 cm × 2-4.5 cm, base obtuse, margin subentire to apically serrulate. Ovary glabrous; styles 3, distinct. Berry globose, ca. 5 mm in diam. Fl. Nov.-Jan., fr. Jun.-Aug..

叶背 Leaf abaxial surface

果枝 Fruiting branches

花枝 Flowering branches

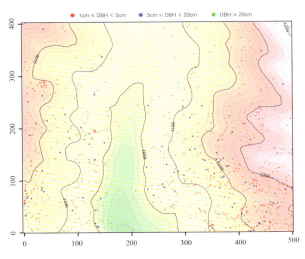

个体分布图 Distribution of individuals

径级分布表 DBH class

胸径等级 (Diameter class) (cm)	个体数 (No. of individuals)	比例 (Proportion) (%)
<2	425	43.86
2~5	456	47.06
5~10	80	8.26
10~20	7	0.72
20~30	1	0.10
30~60	0	0.00
>60	0	0.00

145 窄基红褐柃 *Eurya rubiginosa* var. *attenuata* 五列木科 Pentaphylacaceae

- 个体数（Individuals number/20hm²）= 309
- 总胸高断面积（Basal area）= 0.2370m²
- 重要值（Importance value）= 0.7580
- 重要值排序（Importance value rank）= 88
- 最大胸径（Max DBH）= 14.3cm

灌木。有显著叶柄；叶较窄，长 8~12cm，侧脉斜出，基部楔形。花 1~3 朵簇生叶腋；萼片无毛；花柱有时几分离。果圆球形，长约 4mm。花期 10~11 月，果期翌年 5~8 月。

Shrubs. Petiole conspicuous; leaf blade narrow, 8-12 cm, secondary veins slightly raised on both surfaces, base cuneate. Flowers axillary, 1-4 in a cluster; sepals glabrous; style sometimes parted. Fruit globose, ca. 4 mm in diam. Fl. Oct.-Nov., fr. May-Aug..

果枝 Fruiting branches

叶 Leaves

花枝 Flowering branches

径级分布表 DBH class

胸径等级 （Diameter class） （cm）	个体数 （No. of individuals）	比例 （Proportion） （%）
<2	206	66.67
2~5	79	25.57
5~10	22	7.12
10~20	2	0.65
20~30	0	0.00
30~60	0	0.00
>50	0	0.00

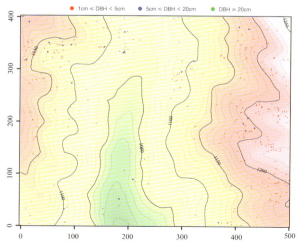

个体分布图 Distribution of individuals

146 单耳柃　　*Eurya weissiae*　　五列木科 Pentaphylacaceae

- 个体数（Individuals number/20hm²）= 23
- 总胸高断面积（Basal area）= 0.0036m²
- 重要值（Importance value）= 0.0933
- 重要值排序（Importance value rank）= 165
- 最大胸径（Max DBH）= 2.1cm

灌木。叶椭圆形，长 4~8cm，宽 1.5~3.2cm，基部耳形，两侧不对称，背面疏被柔毛，边缘有细齿。子房及果无毛，花柱顶端 3 浅裂。果实圆球形，直径 4~5mm。花期 9~11 月，果期 11 月至翌年 1 月。

Shrubs. Leaf blade elliptic, 4-8 cm × 1.5-3.2 cm, base auriculate, both sides asymmetrical, abaxially sparsely villous, margin serrulate. Ovary and fruit glabrous, apically 3-lobed. Fruit globose, 4-5 mm in diam. Fl. Sep.-Nov., fr. Nov.-Jan. of following year.

叶背 Leaf abaxial surface

叶 Leaves

枝叶 Branch and leaves

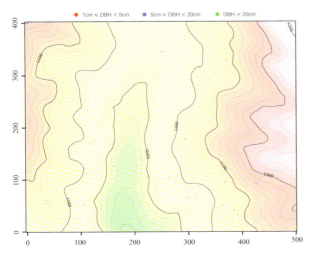

个体分布图 Distribution of individuals

径级分布表 DBH class

胸径等级 (Diameter class) (cm)	个体数 (No. of individuals)	比例 (Proportion) (%)
<2	22	95.65
2~5	1	4.35
5~10	0	0.00
10~20	0	0.00
20~30	0	0.00
30~60	0	0.00
>60	0	0.00

147 五列木　　　*Pentaphylax euryoides*　　　五列木科 Pentaphylacaceae

- 个体数（Individuals number/20hm²）= 13495
- 总胸高断面积（Basal area）= 49.3858m²
- 重要值（Importance value）= 17.4682
- 重要值排序（Importance value rank）= 2
- 最大胸径（Max DBH）= 37.5cm

常绿乔木或灌木。单叶互生，革质，卵形至长圆状披针形。总状花序腋生或顶生；花辐射对称，花萼、花瓣5枚，子房5室。蒴果椭圆状。

Evergreen trees or shrubs. Leaves alternate, leaf blade leathery, ovate to oblong-lanceolate. Racemes axillary or terminal; flowers actinomorphic, sepals and petals 5, ovary 5-loculed. Capsule ellipsoid.

树干 Trunk

果枝 Fruiting branches

花枝 Flowering branches

径级分布表 DBH class

胸径等级 （Diameter class） （cm）	个体数 （No. of individuals）	比例 （Proportion） （%）
<2	3735	27.68
2~5	5613	41.59
5~10	2833	20.99
10~20	1255	9.30
20~30	58	0.43
30~60	1	0.01
>60	0	0.00

个体分布图 Distribution of individuals

148 厚皮香   *Ternstroemia gymnanthera*   五列木科 Pentaphylacaceae

- 个体数（Individuals number/20hm²）= 123
- 总胸高断面积（Basal area）= 0.2325m²
- 重要值（Importance value）= 0.4041
- 重要值排序（Importance value rank）= 121
- 最大胸径（Max DBH）= 13.7cm

灌木或小乔木。叶倒卵状长圆形，长 5.5~9cm，宽 2~3.5cm。花两性或单性；花径 1~1.4cm；子房 2 室。果球形，直径 7~10mm。花期 5~7 月，果期 8~10 月。

Shrubs or small trees. Leaf blade ovate-oblong, 5.5-9 cm × 2-3.5 cm. Flowers bisexual or unisexual; 1-1.4 cm in diam; ovary 2-loculed. Fruit globose, 7-10 mm in diam. Fl. May-Jul., fr. Aug.-Oct..

果枝 Fruiting branches

果 Fruits

花枝 Flowering branches

径级分布表 DBH class

胸径等级 （Diameter class） （cm）	个体数 （No. of individuals）	比例 （Proportion） （%）
<2	32	26.02
2~5	62	50.41
5~10	24	19.51
10~20	5	4.07
20~30	0	0.00
30~60	0	0.00
>60	0	0.00

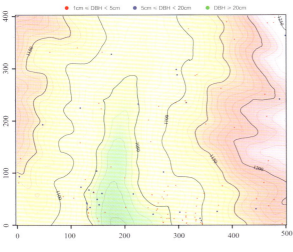

个体分布图 Distribution of individuals

149 厚叶厚皮香　　*Ternstroemia kwangtungensis*　　五列木科 Pentaphylacaceae

- 个体数（Individuals number/20hm²）＝4
- 总胸高断面积（Basal area）＝0.0012m²
- 重要值（Importance value）＝0.0172
- 重要值排序（Importance value rank）＝206
- 最大胸径（Max DBH）＝2.8cm

灌木或小乔木；高 2~10m。叶阔椭圆形至倒卵形，长（5）7~9（13）cm，宽 3~5（6）cm。花单朵生于叶腋，杂性，花梗长 1.5~2cm；子房 3~4 室。果扁球形，直径 1.6~2cm。花期 5~6 月，果期 10~11 月。

Shrubs or small trees, 2-10 m tall. Leaf blade broadly elliptic to obovate, (5) 7-9(13) cm × 3-5(6) cm. Flowers axillary, solitary, polygamous, pedicel 1.5-2 cm, ovary 3-4-loculed. Fruit globose, 1.6-2cm in diam. Fl. May-Jun., fr. Oct.-Nov..

叶 Leaves

花枝 Flowering branches

果枝 Fruiting branches

径级分布表 DBH class

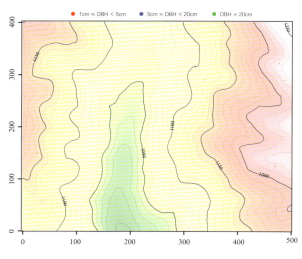

个体分布图 Distribution of individuals

胸径等级 (Diameter class) (cm)	个体数 (No. of individuals)	比例 (Proportion) (%)
<2	3	75.00
2~5	1	25.00
5~10	0	0.00
10~20	0	0.00
20~30	0	0.00
30~60	0	0.00
>60	0	0.00

150 野柿 *Diospyros kaki* var. *silvestris* 柿科 Ebenaceae

- 个体数（Individuals number/20hm²）= 815
- 总胸高断面积（Basal area）= 3.5574m²
- 重要值（Importance value）= 1.9903
- 重要值排序（Importance value rank）= 42
- 最大胸径（Max DBH）= 37.1cm

落叶乔木。小枝及叶柄常密被黄褐色柔毛。叶互生，较小，下面被毛较多。聚伞花序腋生；花较小。果直径约 2~5cm；宿存萼在花后增大增厚，4 裂。花期 5~6 月，果期 9~10 月。

Deciduous tree. Young branchlets and petioles usually densely pubescent with yellowish brown tomentose. Leaves alternate, small, abaxially pubescent. Cymes axillary; flowers small. Fruit ca. 2-5 cm in diam; persistent calyx enlarged after flower, 4-lobed. Fl. May-Jun., fr. Sep.-Oct..

树干 Trunk

枝叶 Branch and leaves

果枝 Fruiting branches

径级分布表 DBH class

胸径等级 (Diameter class) (cm)	个体数 (No. of individuals)	比例 (Proportion) (%)
<2	278	34.11
2~5	280	34.36
5~10	156	19.14
10~20	74	9.08
20~30	24	2.94
30~60	3	0.37
>60	0	0.00

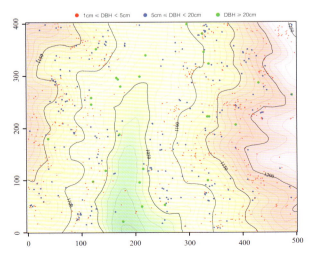

个体分布图 Distribution of individuals

151 延平柿   *Diospyros tsangii*   柿科 Ebenaceae

- 个体数 （Individuals number/20hm²）= 164
- 总胸高断面积 （Basal area）= 0.3430m²
- 重要值 （Importance value）= 0.3876
- 重要值排序 （Importance value rank）= 122
- 最大胸径 （Max DBH）= 32.5cm

灌木或小乔木。叶长圆形，长 4~9cm，宽 1.5~3cm，嫩叶下面有伏柔毛，老叶下面中脉上疏生长伏毛外，余处无毛。聚伞花序短小，有花 1 朵。果球形，直径约 2.5cm；果梗长 3mm。花期 2~5 月，果期 8 月。

Shrubs or small trees. Leaf blade oblong, 4-9 cm × 1.5-3 cm, abaxially appressed pilose when young, later glabrous except for midrib. Cymes short, 1-flowered. Fruit globose, ca. 2.5 cm in diam; fruiting pedicel 3 mm. Fl. Feb.-May, fr. Aug..

树干 Trunk

花枝 Flowering branches

果枝 Fruiting branches

径级分布表 DBH class

胸径等级 （Diameter class） （cm）	个体数 （No. of individuals）	比例 （Proportion） （%）
<2	67	40.85
2~5	66	40.24
5~10	25	15.24
10~20	5	3.05
20~30	0	0.00
30~60	1	0.61
>60	0	0.00

个体分布图 Distribution of individuals

152 朱砂根　　　*Ardisia crenata*　　　报春花科 Primulaceae

- 个体数（Individuals number/20hm²）＝70
- 总胸高断面积（Basal area）＝0.0121m²
- 重要值（Importance value）＝0.2636
- 重要值排序（Importance value rank）＝132
- 最大胸径（Max DBH）＝2cm

常绿灌木。叶椭圆形或椭圆状披针形，长 7~15cm，2~4cm，边缘皱波状或波状齿，齿尖有腺点。伞形花序或聚伞花序；萼片具腺点。果鲜红色。花期 5~6 月，果期 10~12 月，有时翌年 2~4 月。

Evergreen shrubs. Leaf blade elliptic or elliptic-lanceolate, 7-15 cm × 2-4 cm, margin subrevolute or undulately crenate, with vascularized marginal nodules on teeth. Inflorescences umbellate or cymose; sepals punctate. Fruit red. Fl. May-Jun, fr. Oct.-Dec., sometimes Feb.-Apr. of following year.

花 Flowers

果 Fruits

果枝 Fruiting branches

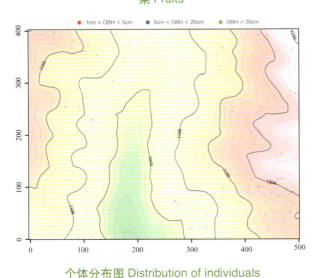

个体分布图 Distribution of individuals

径级分布表 DBH class

胸径等级 （Diameter class） （cm）	个体数 （No. of individuals）	比例 （Proportion） （%）
<2	69	98.57
2~5	1	1.43
5~10	0	0.00
10~20	0	0.00
20~30	0	0.00
30~60	0	0.00
>60	0	0.00

153 针齿铁仔 *Myrsine semiserrata* 报春花科 Primulaceae

- 个体数 （Individuals number/20hm²）= 15
- 总胸高断面积 （Basal area）= 0.0153m²
- 重要值 （Importance value）= 0.0601
- 重要值排序 （Importance value rank）= 176
- 最大胸径 （Max DBH）= 12.7cm

大灌木或小乔木；高 3~7m。叶椭圆形或披针形，长 5~9cm，宽 2.5~3cm，边缘有锐锯齿。伞形花序有花 3~7 朵；花 4 数。果球形，直径 5~7mm。花期 2~4 月，果期 10~12 月。

Shrubs or small trees, 3-7 m tall. Leaf blade elliptic or lanceolate, 5-9 cm × 2.5-3 cm, margin serrulate. Inflorescences umbellate, 3-7 flowered; flowers 5-merous. Fruit globose, 5-7 mm in diam. Fl. Feb.-Apr., fr. Oct.-Dec..

果枝 Fruiting branches

果枝 Fruiting branches

果 Fruits

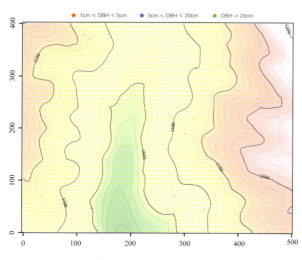
个体分布图 Distribution of individuals

径级分布表 DBH class

胸径等级 （Diameter class） （cm）	个体数 （No. of individuals）	比例 （Proportion） （%）
<2	13	86.67
2~5	1	6.67
5~10	0	0.00
10~20	1	6.67
20~30	0	0.00
30~60	0	0.00
>60	0	0.00

154 长尾毛蕊茶　　*Camellia caudata*　　山茶科 Theaceae

- 个体数 （Individuals number/20hm²）= 679
- 总胸高断面积 （Basal area）= 0.7660m²
- 重要值 （Importance value）= 1.2422
- 重要值排序 （Importance value rank）= 66
- 最大胸径 （Max DBH）= 16cm

灌木至乔木。枝被短微毛。叶长圆形，长 5~9cm，宽 1~2cm，顶端尾状渐尖。苞片 3~5 枚；花瓣背面被毛；子房仅 1 室发育，花丝管长 6~8mm。花期 10 月至翌年 3 月。

Shrubs or trees. Branchlet pubescent. Leaf blade oblong, 5-9 cm × 1-2 cm, apex caudate-acuminate. Bracteoles 3-5; petals pubescent outside; ovary l-loculed with l seed, outer filament whorl basally connate for 6-8 mm. Fl. Oct.-Mar. of following year.

花 Flower

果 Fruit

叶 Leaves

径级分布表 DEH class

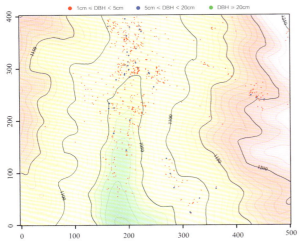

个体分布图 Distribution of individuals

胸径等级 (Diameter class) (cm)	个体数 (No. of individuals)	比例 (Proportion) (%)
<2	243	35.79
2~5	395	58.17
5~10	39	5.74
10~20	2	0.29
20~30	0	0.00
30~60	0	0.00
>60	0	0.00

155 茶　　　*Camellia sinensis*　　　山茶科 Theaceae

- 个体数（Individuals number/20hm²）= 9
- 总胸高断面积（Basal area）= 0.0018m²
- 重要值（Importance value）= 0.0280
- 重要值排序（Importance value rank）= 195
- 最大胸径（Max DBH）= 2.4cm

灌木至乔木。叶长圆形或椭圆形，长 4~12cm。花 1~3 朵腋生，白色；苞片 2 枚；萼片宿存；子房被毛，花丝分离。果三角状球形。花期 10 月至翌年 2 月。

Shrubs or trees. Leaf blade oblong or elliptic, 4-12 cm. Flowers axillary, solitary or to 3 in a cluster, white; bracteoles 2; sepals persistent; ovary pubescent, filament parted. Fruit trigonous-globose. Fl. Oct.-Feb. of following year.

花 Flowers

叶背 Leaf abaxial surface

果 Fruits

径级分布表 DBH class

胸径等级 （Diameter class） （cm）	个体数 （No. of individuals）	比例 （Proportion） （%）
<2	8	88.89
2~5	1	11.11
5~10	0	0.00
10~20	0	0.00
20~30	0	0.00
30~60	0	0.00
>60	0	0.00

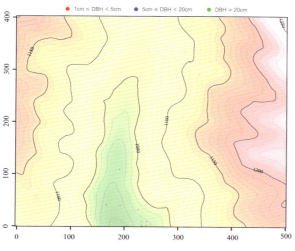

个体分布图 Distribution of individuals

1cm ≤ DBH < 5cm　　5cm ≤ DBH < 20cm　　DBH ≥ 20cm

156 木荷　　　　*Schima superba*　　　　山茶科 Theaceae

- 个体数 （Individuals number/20hm²）＝4895
- 总胸高断面积 （Basal area）＝79.1092m²
- 重要值 （Importance value）＝14.6734
- 重要值排序 （Importance value rank）＝3
- 最大胸径 （Max DBH）＝63.2cm

常绿大乔木。叶革质，椭圆形，长 7~12cm，宽 4~6.5cm，边缘有钝锯齿，背无毛。花生于枝顶叶腋；萼片半圆形。蒴果球形。花期 6~8 月，果期 10~12 月。

Evergreen trees. Leaf blade leathery, elliptic, 7-12 cm × 4-6.5 cm, margin obtusely crenate, abaxially glabrous. Flowers axillary at apex of branchlet; sepals semiorbicular. Capsule globose. Fl. Jun.-Aug., fr. Oct.-Dec..

花 Flowers

果 Fruits

叶 Leaves

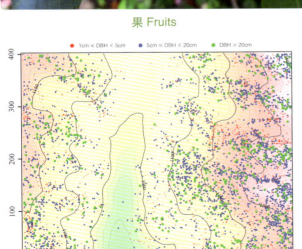

个体分布图 Distribution of individuals

径级分布表 DBH class

胸径等级 （Diameter class）（cm）	个体数 （No. of individuals）	比例 （Proportion）（%）
<2	588	12.01
2~5	959	19.59
5~10	914	18.57
10~20	1871	38.22
20~30	517	10.56
30~60	45	0.92
>60	1	0.02

157 圆萼折柄茶　　*Stewartia crassifolia*　　山茶科 Theaceae

- 个体数（Individuals number/20hm²）＝36
- 总胸高断面积（Basal area）＝0.0317m²
- 重要值（Importance value）＝0.0786
- 重要值排序（Importance value rank）＝170
- 最大胸径（Max DBH）＝6.2cm

乔木。叶柄有翅宽 2~3mm；叶长卵形，长 8~12cm，宽 3~4.5cm。花单生于叶腋，黄白色，有白色绢毛。蒴果短圆锥形，直径 15~16mm，5 片裂开。花期 5~6 月。

Trees. Petiole winged, wings 2-3 mm wide; leaf blade long ovate, 8-12 cm × 3-4.5 cm. Flowers axillary, solitary, yellowish white. Capsule shortly conic, 15-16 mm in diam, 5-ribbed. Fl. May-Jun..

果 Fruits

叶柄 Petiole

叶 Leaves

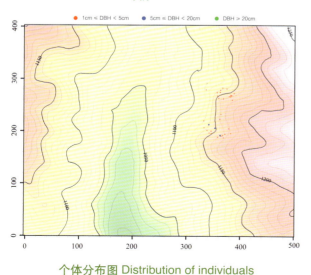

个体分布图 Distribution of individuals

径级分布表 DBH class

胸径等级 (Diameter class) (cm)	个体数 (No. of individuals)	比例 (Proportion) (%)
<2	6	16.67
2~5	27	75.00
5~10	3	8.33
10~20	0	0.00
20~30	0	0.00
30~60	0	0.00
>60	0	0.00

158 南岭革瓣山矾　　*Cordyloblaste confusa*　　山矾科 Symplocaceae

- 个体数（Individuals number/20hm²）= 2
- 总胸高断面积（Basal area）= 0.0157m²
- 重要值（Importance value）= 0.0072
- 重要值排序（Importance value rank）= 215
- 最大胸径（Max DBH）= 10.1cm

常绿小乔木。芽、花序、苞片及萼均被灰色或灰黄色柔毛。叶长 5~12cm, 宽 2~4.5cm。总状花序长 1~4.5cm。核果卵形长 4~5mm。花期 6~8 月，果期 9~11 月。

Evergreen small trees. Buds, inflorescences, bracts and sepals pubescent with grey or greyish yellow tomentose. Leaf blade 5-12 cm × 2-4.5 cm. Racemes 1-4.5 cm. Drupes ovoid, 4-5 mm. Fl. Jun.-Aug., fr. Sep.-Nov..

树干 Trunk

叶背 Leaf abaxial surface

花 Flowers

径级分布表 DBH class

胸径等级 (Diameter class) (cm)	个体数 (No. of individuals)	比例 (Proportion) (%)
<2	0	0.00
2~5	0	0.00
5~10	1	50.00
10~20	1	50.00
20~30	0	0.00
30~60	0	0.00
>60	0	0.00

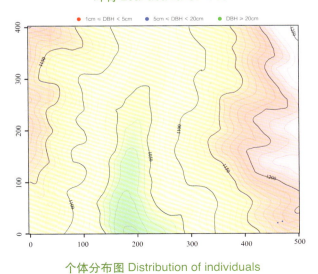

个体分布图 Distribution of individuals

图例：● 1cm ≤ DBH < 5cm　● 5cm ≤ DBH < 20cm　● DBH ≥ 20cm

159 腺柄山矾　　　*Symplocos adenopus*　　　山矾科 Symplocaceae

- 个体数（Individuals number/20hm²）= 4
- 总胸高断面积（Basal area）= 0.0034m²
- 重要值（Importance value）= 0.0175
- 重要值排序（Importance value rank）= 205
- 最大胸径（Max DBH）= 4cm

灌木或小乔木。芽、嫩枝、叶背被褐色柔毛。叶椭圆状卵形长 8~16cm，叶柄和叶片边缘有腺锯齿。团伞花序腋生。核果圆柱形。花期 11~12 月，果期翌年 7~8 月。

Shrubs or small trees. Buds, young branchlets and abaxial surface of leaf blade pubescent with brown tomentose. Leaf blade elliptic-ovate, 8-16 cm, margin of petiole and leaf blade glandular dentate. Glomerules axillary. Drupes cylindrical. Fl. Nov.-Dec., fr. Jul.-Aug. of following year.

花 Flowers

叶 Leaves

枝叶 Branch and leaves

径级分布表 DBH class

胸径等级 (Diameter class) (cm)	个体数 (No. of individuals)	比例 (Proportion) (%)
<2	1	25.00
2~5	3	75.00
5~10	0	0.00
10~20	0	0.00
20~30	0	0.00
30~60	0	0.00
>60	0	0.00

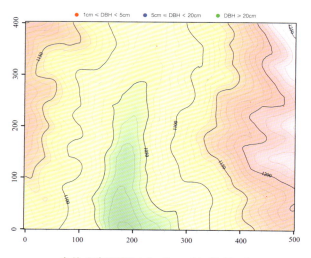

个体分布图 Distribution of individuals

160 薄叶山矾　　*Symplocos anomala*　　山矾科 Symplocaceae

- 个体数（Individuals number/20hm²）= 160
- 总胸高断面积（Basal area）= 0.3021m²
- 重要值（Importance value）= 0.5220
- 重要值排序（Importance value rank）= 109
- 最大胸径（Max DBH）= 16.3cm

小乔木或灌木。幼枝被短茸毛。叶狭椭圆形，长 5~7（11）cm，宽 1.5~3cm，全缘或具浅齿。总状花序腋生，长 8~15mm。果倒卵形，3 室。花果期 4~12 月，边开花边结果。

Shrubs or small trees. Young branchlets tomentellous-tomentose. Leaf blade narrowly elliptic, 5-7 (11) cm × 1.5-3 cm, margin entire or finely dentate. Racemes axillary, 8-15 mm. Fruit obovate, 3-loculed. Fl. and fr. Apr.-Dec..

树干 Trunk

叶 Leaves

花 Flowers

径级分布表 DBH class

胸径等级 （Diameter class） （cm）	个体数 （No. of individuals）	比例 （Proportion） （%）
<2	48	30.00
2~5	80	50.00
5~10	28	17.50
10~20	4	2.50
20~30	0	0.00
30~60	0	0.00
>60	0	0.00

个体分布图 Distribution of individuals

161 南国山矾　　*Symplocos austrosinensis*　　山矾科 Symplocaceae

- 个体数 （Individuals number/20hm²）＝430
- 总胸高断面积 （Basal area）＝0.2949m²
- 重要值 （Importance value）＝1.0052
- 重要值排序 （Importance value rank）＝75
- 最大胸径 （Max DBH）＝9.3cm

乔木。枝黑色无毛。叶披针形，长 4~10cm，宽 1.5~3cm，边缘具稀疏的细齿，无毛。总状花序有花约 10 朵，腋生；苞片和小苞片均宿存。核果圆柱形。花果期 6~10 月。

Trees. Branches black, glabrous. Leaf blade lanceolate, 4-10 cm × 1.5-3 cm, margin sparsely denticulate, glabrous. Racemes 10-flowered, axillary; bracts and bractlets persistent. Drupes cylindrical. Fl. and fr. Jun.-Oct..

树干 Trunk

枝叶 Branch and leaves

叶背 Leaf abaxial surface

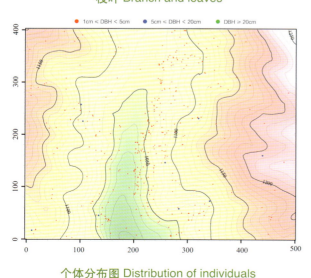

个体分布图 Distribution of individuals

径级分布表 DBH class

胸径等级 (Diameter class) (cm)	个体数 (No. of individuals)	比例 (Proportion) (%)
<2	197	45.81
2~5	224	52.09
5~10	9	2.09
10~20	0	0.00
20~30	0	0.00
30~60	0	0.00
>60	0	0.00

162 黄牛奶树　　*Symplocos theophrastifolia*　　山矾科 Symplocaceae

- 个体数 （Individuals number/20hm²）＝20
- 总胸高断面积 （Basal area）＝0.0252m²
- 重要值 （Importance value）＝0.0650
- 重要值排序 （Importance value rank）＝175
- 最大胸径 （Max DBH）＝7.2cm

常绿乔木。枝无毛。叶卵形、倒卵状椭圆形，长5.5~11cm，宽 2~5cm，边缘具细锯齿，叶两面无毛。穗状花序。核果球形。花期 8~12 月，果期翌年 3~6 月。

Evergreen trees. Branches glabrous. Leaf blade ovate or obovate-elliptic, 5.5-11 cm × 2-5 cm, margin serrate, both surfaces glabrous. Inflorescences spicate. Drupes globose. Fl. Aug.-Dec., fr. Mar.-Jun. of following year.

树干 Trunk

果枝 Fruiting branches

花枝 Flowering branches

径级分布表 DBH class

胸径等级 （Diameter class） （cm）	个体数 （No. of individuals）	比例 （Proportion） （%）
<2	10	50.00
2~5	6	30.00
5~10	4	20.00
10~20	0	0.00
20~30	0	0.00
30~60	0	0.00
>60	0	0.00

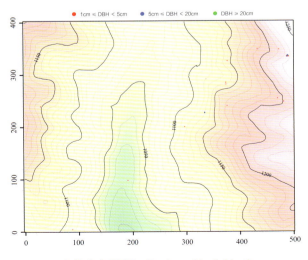
个体分布图 Distribution of individuals

163 密花山矾　　*Symplocos congesta*　　山矾科 Symplocaceae

- 个体数（Individuals number/20hm²）＝1
- 总胸高断面积（Basal area）＝0.0011m²
- 重要值（Importance value）＝0.0049
- 重要值排序（Importance value rank）＝217
- 最大胸径（Max DBH）＝2.7cm

常绿乔木或灌木。叶椭圆形，长 8~10（17）cm，宽 2~6cm。团伞花序；花冠白色，长 5~6mm，5 深裂几达基部。核果熟时紫蓝色，多汁，长 8~13mm。花期 8~11 月，果期翌年 1~2 月。

Evergreen trees or shrubs. Leaf blade elliptic, 8-10 (17) cm × 2-6 cm. Inflorescences a glomerule; corolla white, 5-6 mm, 5- partite to base. Drupes purplish-blue when mature, succulent, 8-13 mm. Fl. Aug.-Nov., fr. Jan.-Feb. of following year.

叶 Leaves

果 Fruits

花 Flowers

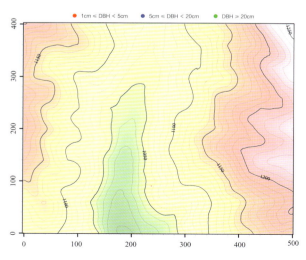

个体分布图 Distribution of individuals

径级分布表 DBH class

胸径等级 （Diameter class） （cm）	个体数 （No. of individuals）	比例 （Proportion） （%）
<2	0	0.00
2~5	1	100.00
5~10	0	0.00
10~20	0	0.00
20~30	0	0.00
30~60	0	0.00
>60	0	0.00

164 长毛山矾 *Symplocos dolichotricha* 山矾科 Symplocaceae

- 个体数 （Individuals number/20hm²）= 685
- 总胸高断面积 （Basal area）= 1.4575m²
- 重要值 （Importance value）= 1.7588
- 重要值排序 （Importance value rank）= 47
- 最大胸径 （Max DBH）= 21.1cm

乔木；高 12m。嫩枝、叶两面及叶柄被开展长毛。叶椭圆形，长 6~13cm，宽 2~5cm，全缘或有疏细齿。团伞花序。果近球形。花果期 7~11 月，边开花边结果。

Trees to 12 m tall. Young branchlets, both surfaces of leaves and petioles patent long pilose. Leaf blade elliptic, 6-13 cm × 2-5 cm, margin entire or minutely denticulate. Inflorescences a glomerule. Fruits subglobose. Fl. and fr. Jul.-Nov..

树干 Trunk

枝叶 Branch and leaves

果枝 Fruiting branches

径级分布表 DBH class

胸径等级 （Diameter class） （cm）	个体数 （No. of individuals）	比例 （Proportion） （%）
<2	240	35.04
2~5	253	36.93
5~10	155	22.63
10~20	36	5.26
20~30	1	0.15
30~60	0	0.00
>60	0	0.00

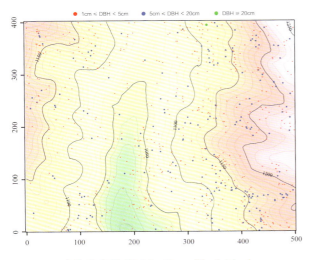

个体分布图 Distribution of individuals

165 毛山矾　　　*Symplocos groffii*　　　山矾科 Symplocaceae

- 个体数 （Individuals number/20hm²）＝152
- 总胸高断面积 （Basal area）＝0.2864m²
- 重要值 （Importance value）＝0.4992
- 重要值排序 （Importance value rank）＝112
- 最大胸径 （Max DBH）＝18.6cm

乔木。幼枝、叶柄、中脉、叶背脉及叶缘被开展长硬毛。叶椭圆形，长 5~8（12）cm，宽 2~3（5）cm，全缘或具疏尖齿。穗状花序。果椭圆形。花期 4 月，果期 6~7 月。

Tres. Young branchlets, petioles, leaf blade midveins adaxially, leaf blade lateral veins abaxially and margin with patent hirsute hairs. Leaf blade elliptic, 5-8(12) cm × 2-3 (5) cm, margin entire or remotely sharply dentate. Inflorescences spicate. Fruits ellipsoid. Fl. Apr., fr. Jun.-Jul..

树干 Trunk

叶背 Leaf abaxial surface

枝叶 Branch and leaves

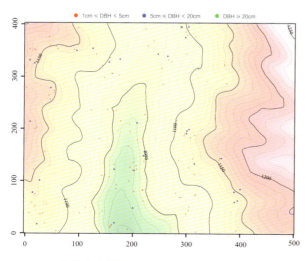
个体分布图 Distribution of individuals

径级分布表 DBH class

胸径等级 (Diameter class) (cm)	个体数 (No. of individuals)	比例 (Proportion) (%)
<2	50	32.89
2~5	68	44.74
5~10	30	19.74
10~20	4	2.63
20~30	0	0.00
30~60	0	0.00
>60	0	0.00

166 黑山山矾 *Symplocos prunifolia* 山矾科 Symplocaceae

- 个体数（Individuals number/20hm²）= 188
- 总胸高断面积（Basal area）= 0.1901m²
- 重要值（Importance value）= 0.5303
- 重要值排序（Importance value rank）= 107
- 最大胸径（Max DBH）= 12.7cm

乔木。除花序外无毛。叶狭椭圆形，长 6~12cm，宽 2.5~4cm，顶端尾尖，边全缘或具浅波状齿。总状花序。果坛形，长 6~7mm，宽 2~3mm。花期 2~5 月，果期 6~9 月。

Trees. Glabrous except for inflorescences. Leaf blade narrowly elliptic, 6-12 cm × 2.5-4 cm, apex caudate-acuminate, margin entire or undulately crenate. Inflorescences racemose. Fruits urn-shaped, 6-7 cm × 2-3 mm. Fl. Feb.-May, fr. Jun.-Sep..

树干 Trunk

叶 Leaves

花 Flowers

径级分布表 DBH class

胸径等级 （Diameter class） （cm）	个体数 （No. of individuals）	比例 （Proportion） （%）
<2	88	46.81
2~5	83	44.15
5~10	15	7.98
10~20	2	1.06
20~30	0	0.00
30~60	0	0.00
>60	0	0.00

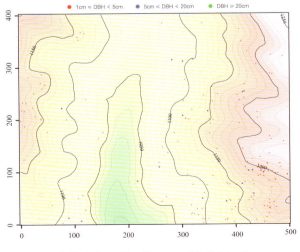

个体分布图 Distribution of individuals

1cm ≤ DBH < 5cm   5cm ≤ DBH < 20cm   DBH ≥ 20cm

167 光叶山矾　　*Symplocos lancifolia*　　山矾科 Symplocaceae

- 个体数 (Individuals number/20hm²) = 160
- 总胸高断面积 (Basal area) = 0.1821m²
- 重要值 (Importance value) = 0.4802
- 重要值排序 (Importance value rank) = 117
- 最大胸径 (Max DBH) = 21.4cm

小乔木。幼枝、嫩叶背面、花序被黄色柔毛。叶卵形或阔披针形，长 3~6（9）cm，宽 1.5~2.5（3.5）cm，边缘具浅齿。穗状花序。果近球形。花期 3~11 月，果期 6~12 月。

Small trees. Young branchlets, young leaves adaxially and inflorescences pubescent with yellow tomentose. Leaf blade ovate or broadly lanceolate, 3-6（9）cm × 1.5-2.5（3.5）cm, margin dentate. Inflorescences spicate. Fruits subglobose. Fl. Mar.-Nov., fr. Jun.-Dec..

果枝 Fruiting branches

枝叶 Branch and leaves

花 Flowers

径级分布表 DBH class

胸径等级 (Diameter class) (cm)	个体数 (No. of individuals)	比例 (Proportion) (%)
<2	113	70.63
2~5	38	23.75
5~10	3	1.88
10~20	5	3.13
20~30	1	0.63
30~60	0	0.00
>60	0	0.00

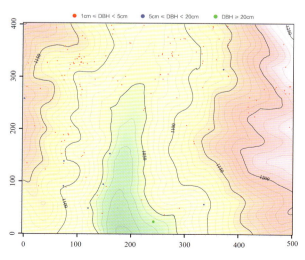

个体分布图 Distribution of individuals

168 光亮山矾　　　　*Symplocos lucida*　　　　山矾科 Symplocaceae

- 个体数（Individuals number/20hm²）= 392
- 总胸高断面积（Basal area）= 1.5779m²
- 重要值（Importance value）= 1.0976
- 重要值排序（Importance value rank）= 73
- 最大胸径（Max DBH）= 28.6cm

乔木。叶长圆形到狭椭圆形，长 15~20cm，宽 5~6cm，侧脉 4~15 对。总状花序腋生，长约 2cm；苞片和小苞片宿存。核果卵球形或椭圆形。花期 3~12 月，果期 5~12 月。

Trees. Leaf blade oblong to narrowly elliptic, 15-20 cm × 5-6 cm, lateral veins 4-15 pairs. Racemes axillary, ca. 2 cm; bracts and bractlets persistent. Drupes ovoid or ellipsoid. Fl. Mar.-Dec., fr. May-Dec..

树干 Trunk

花枝 Flowering branches

果 Fruits

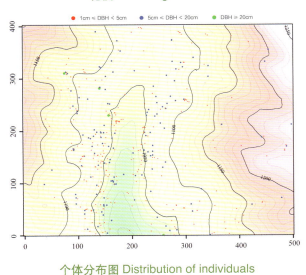

个体分布图 Distribution of individuals

径级分布表 DEH class

胸径等级 (Diameter class) (cm)	个体数 (No. of individuals)	比例 (Proportion) (%)
<2	104	26 53
2~5	148	37 76
5~10	81	20 66
10~20	55	14 03
20~30	4	1 02
30~60	0	0 00
>60	0	0 00

169 多花山矾 *Symplocos ramosissima* 山矾科 Symplocaceae

- 个体数 (Individuals number/20hm²) = 401
- 总胸高断面积 (Basal area) = 0.2768m²
- 重要值 (Importance value) = 0.8610
- 重要值排序 (Importance value rank) = 83
- 最大胸径 (Max DBH) = 7.9cm

灌木或小乔木。幼枝被短柔毛。叶椭圆形，长 6~12cm，宽 2~4cm，尾尖，具腺锯齿。总状花序长 1.5~3cm。核果长圆形，长 9~12mm，宽 4~5mm。花期 4~5 月，果期 5~6 月。

Shrubs or small trees. Young branchlets pubescent. Leaf blade elliptic, 6-12 cm × 2-4 cm, apex caudate-acuminate, margin glandular dentate. Racemes 1.5-3 cm. Drupes oblong, 9-12 mm × 4-5 mm. Fl. Apr.-May, fr. May-Jun..

枝叶 Branch and leaves

花枝 Flowering branches

花 Flowers

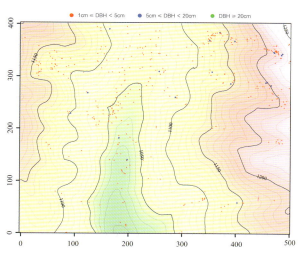
个体分布图 Distribution of individuals

径级分布表 DBH class

胸径等级 (Diameter class) (cm)	个体数 (No. of individuals)	比例 (Proportion) (%)
<2	188	46.88
2~5	193	48.13
5~10	20	4.99
10~20	0	0.00
20~30	0	0.00
30~60	0	0.00
>60	0	0.00

170 老鼠矢　　　*Symplocos stellaris*　　　山矾科 Symplocaceae

- 个体数 （Individuals number/20hm²）＝ 790
- 总胸高断面积 （Basal area）＝ 0.4604m²
- 重要值 （Importance value）＝ 1.2538
- 重要值排序 （Importance value rank）＝ 64
- 最大胸径 （Max DBH）＝ 16.6cm

常绿乔木。芽、嫩枝、嫩叶柄、苞片和小苞片均被红色茸毛。叶厚革质，披针状椭圆形，长 6~20cm，宽 2~5cm，全缘。团伞花序。核果狭卵状圆柱形，长约 1cm；核具 6~8 条纵棱。花期 4~5 月，果期 6 月。

Evergreen trees. Buds, young branchlets, petioles of young leaves, bracts and bractlets red tomentellous. Leaf blade thickly leathery, lanceolate-elliptic, 6-20 cm × 2-5 cm, margin entire. Inflorescences a glomerule. Drupes narrowly ovoid-cylindric, ca. 1 cm; seeds with 6-8 longitudinal ribs. Fl. Apr.-May, fr. Jun..

树干 Trunk

枝叶 Branch and leaves

果 Fruits

径级分布表 DBH class

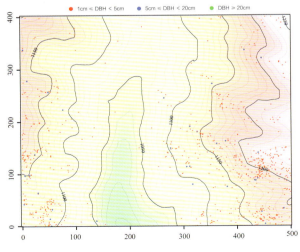

个体分布图 Distribution of individuals

胸径等级 (Diameter class) （cm）	个体数 (No. of individuals)	比例 (Proportion) （%）
<2	399	50.51
2~5	355	44.94
5~10	34	4.30
10~20	2	0.25
20~30	0	0.00
30~60	0	0.00
>60	0	0.00

171 微毛山矾　　*Symplocos wikstroemiifolia*　　山矾科 Symplocaceae

- 个体数（Individuals number/20hm²）= 47
- 总胸高断面积（Basal area）= 0.0858m²
- 重要值（Importance value）= 0.1701
- 重要值排序（Importance value rank）= 149
- 最大胸径（Max DBH）= 11.4cm

灌木或乔木。幼枝、叶背和叶柄被微毛。叶椭圆形，阔倒披针形或倒卵形，长 4~12cm，宽 1.5~4cm，全缘或具波状浅齿。总状花序长 1~2cm。果卵形。花期 5月，果期 10 月。

Shrubs or trees. Young branchlets, leaves blades adaxially and petioles with minute appressed hairs. Leaf blade elliptic, broadly oblanceolate or obovate, 4-12 cm × 1.5-4 cm, margin entire or sinuolate-dentate. Racemes 1-2 cm. Fruits ovoid. Fl. May, fr. Oct..

枝叶 Branch and leaves

叶背 Leaf abaxial surface

花 Flowers

径级分布表 DBH class

胸径等级 （Diameter class） （cm）	个体数 （No. of individuals）	比例 （Proportion） （%）
<2	17	36.17
2~5	19	40.43
5~10	9	19.15
10~20	2	4.26
20~30	0	0.00
30~60	0	0.00
>60	0	0.00

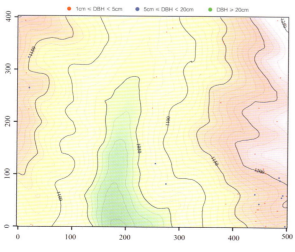

个体分布图 Distribution of individuals

172 赤杨叶 *Alniphyllum fortunei* 安息香科 Styracaceae

- 个体数 （Individuals number/20hm²）= 1692
- 总胸高断面积 （Basal area）= 34.2351m²
- 重要值 （Importance value）= 6.7065
- 重要值排序 （Importance value rank）= 6
- 最大胸径 （Max DBH）= 57.9cm

乔木。叶椭圆形，长 8~15（20）cm，宽 4~7（11）cm，两面被毛，有时脱落。总状花序或圆锥花序，长 8~15（20）cm。果实熟时 5 瓣开裂。花期 4~7 月，果期 8~10 月。

Trees. Leaf blade elliptic, 8-15(20) cm × 4-7(11) cm, both surfaces of leaves pubescent, sometimes glabrescent. Inflorescences racemes or panicles, 8-15(20) cm. Fruit dehiscent into 5 valves when mature. Fl. Apr.-Jul., fr. Aug.-Oct..

树干 Trunk

果枝 Fruiting branches

花 Flowers

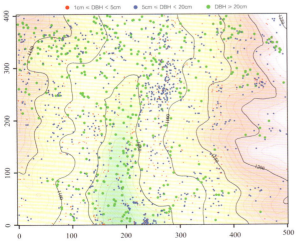
个体分布图 Distribution of individuals

径级分布表 DBH class

胸径等级 （Diameter class） （cm）	个体数 （No. of individuals）	比例 （Proportion） （%）
<2	117	6.91
2~5	325	19.21
5~10	334	19.74
10~20	539	31.86
20~30	285	16.84
30~60	92	5.44
>60	0	0.00

173 银钟花　　　　*Perkinsiodendron macgregorii*　　　安息香科 Styracaceae

- 个体数（Individuals number/20hm²）= 1393
- 总胸高断面积（Basal area）= 12.1371m²
- 重要值（Importance value）= 4.0133
- 重要值排序（Importance value rank）= 17
- 最大胸径（Max DBH）= 34.2cm

乔木。叶柄长 5~10cm；叶常椭圆形，长 5~13cm，宽 3~4.5cm。花白色，常下垂，直径约 1.5cm，2~7 朵丛生叶腋。核果长 2.5~4cm，宽 2~3cm，有 4 翅。花期 4 月，果期 7~10 月。

Trees. Petiole 5-10 cm; leaf blade usually elliptic, 5-13 cm × 3-4.5 cm. Flowers white, pendulous, ca. 1.5 cm in diam, axillary, 2-7 in a cluster. Drupes 2.5-4 cm × 2-3 cm, 4-winged. Fl. Apr., fr. Jul.-Oct..

树干 Trunk

叶背 Leaf abaxial surface

果 Fruits

径级分布表 DBH class

胸径等级 （Diameter class） （cm）	个体数 （No. of individuals）	比例 （Proportion） （%）
<2	173	12.42
2~5	484	34.75
5~10	333	23.91
10~20	341	24.48
20~30	58	4.16
30~60	4	0.29
>60	0	0.00

个体分布图 Distribution of individuals

174 广东木瓜红 *Rehderodendron kwangtungense* 安息香科 Styracaceae

- 个体数 （Individuals number/20hm²）= 117
- 总胸高断面积 （Basal area）= 1.5531m²
- 重要值 （Importance value）= 0.4903
- 重要值排序 （Importance value rank）= 115
- 最大胸径 （Max DBH）= 30.5cm

乔木。叶卵状长圆形，长 7~16cm，宽 3~8cm。总状花序长约 7cm，有花 6~8 朵。果大，椭圆形，长 4.5~8cm，宽 2.5~4cm；棱 5~10；宿萼全裹果。花期 3~4 月，果期 7~9 月。

Trees. Leaf blade oblong, 7-16 cm × 3-8 cm. Racemes ca. 7 cm, 6-8-flowered. Fruit large, ellipsoid, 4.5-8 cm × 2.5-4 cm; 5-10-ribbed; persistent calyx enclosing whole fruit. Fl. Mar.-Apr., fr. Jul.-Sep..

树干 Trunk

叶背 Leaf abaxial surface

果 Fruits

径级分布表 DBH class

胸径等级 （Diameter class） （cm）	个体数 （No. of individuals）	比例 （Proportion） （%）
<2	8	6.84
2~5	26	22.22
5~10	32	27.35
10~20	39	33.33
20~30	11	9.40
30~60	1	0.85
>60	0	0.00

个体分布图 Distribution of individuals

175 芬芳安息香 *Styrax odoratissimus* 安息香科 Styracaceae

- 个体数 (Individuals number/20hm²) = 584
- 总胸高断面积 (Basal area) = 2.0148m²
- 重要值 (Importance value) = 1.5424
- 重要值排序 (Importance value rank) = 52
- 最大胸径 (Max DBH) = 25.7cm

小乔木；高 4~10m。嫩枝、嫩叶、花轴、花梗、花萼密被星状短茸毛。叶卵形或卵状长圆形，长 4~15cm，宽 2~8cm，边缘有不明显锯齿。花期 3~4 月，果期 6~9 月。

Small trees, 4-10 m tall. Young twigs, young leaves, rachis, pedicels and calyxes densely stellate pubescent. Leaf blade ovate or ovate-oblong, 4-15 cm × 2-8 cm, margin remotely serrulate. Fl. Mar.-Apr., fr. Jun.-Sep..

枝叶 Branch and leaves

果 Fruits

花 Flowers

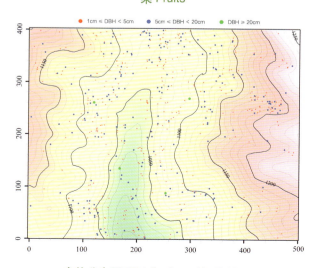

个体分布图 Distribution of individuals

径级分布表 DBH class

胸径等级 (Diameter class) (cm)	个体数 (No. of individuals)	比例 (Proportion) (%)
<2	119	20.38
2~5	245	41.95
5~10	145	24.83
10~20	71	12.16
20~30	4	0.68
30~60	0	0.00
>60	0	0.00

176 越南安息香 *Styrax tonkinensis* 安息香科 Styracaceae

- 个体数 （Individuals number/20hm²）= 118
- 总胸高断面积 （Basal area）= 0.4029m²
- 重要值 （Importance value）= 0.4349
- 重要值排序 （Importance value rank）= 120
- 最大胸径 （Max DBH）= 23cm

乔木。枝、叶背、花轴、花梗、花萼密被星状茸毛。叶椭圆形至卵形，长 5~18cm，宽 4~10cm，边近全缘或上部有疏齿。花白色。果被毛。花期 4~6 月，果熟期 8~10 月。

Trees. Branches, leaves blades adaxially, rachis, pedicels and calyxes stellate pubescent. Leaf blade elliptic to obovate, 5-18 cm × 4-10 cm, margin subentire or apically serrate. Flowers white. Fruit pubescent. Fl. Apr.-Jun., fr. Aug.-Oct..

树干 Trunk

叶背 Leaf abaxial surface

果枝 Fruiting branches

径级分布表 DBH class

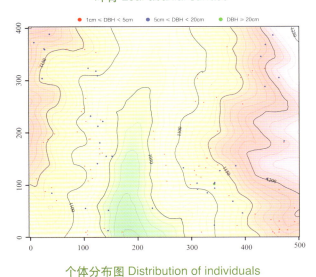

个体分布图 Distribution of individuals

胸径等级 （Diameter class） （cm）	个体数 （No. of individuals）	比列 （Proportion） （%）
<2	33	27.97
2~5	45	38.14
5~10	26	22.03
10~20	13	11.02
20~30	1	0.85
30~60	0	0.00
>60	0	0.00

177 云南桤叶树　　*Clethra delavayi*　　桤叶树科 Clethraceae

- 个体数（Individuals number/20hm²）＝69
- 总胸高断面积（Basal area）＝0.1547m²
- 重要值（Importance value）＝0.2371
- 重要值排序（Importance value rank）＝134
- 最大胸径（Max DBH）＝12.9cm

落叶灌木或小乔木。叶卵状椭圆形，长7~23cm，宽3.5~9cm。花序被星状毛；花瓣正面无毛；花柱3裂。蒴果近球形，下弯，直径4~6mm。花期7~8月，果期9~10月。

Deciduous shrubs or small trees. Leaf blade ovate-elliptic, 7-23 cm × 3.5-9 cm. Inflorescences stellate tomentose; petals glabrous adaxially; stigma 3-lobed, capsule subglobose, cernuous, 4-6 mm in diam. Fl. Jul.-Aug., fr. Sep.-Oct..

花 Flowers

花枝 Flowering branches

叶 Leaves

径级分布表 DBH class

胸径等级 (Diameter class) (cm)	个体数 (No. of individuals)	比例 (Proportion) (%)
<2	20	28.99
2~5	23	33.33
5~10	23	33.33
10~20	3	4.35
20~30	0	0.00
30~60	0	0.00
>60	0	0.00

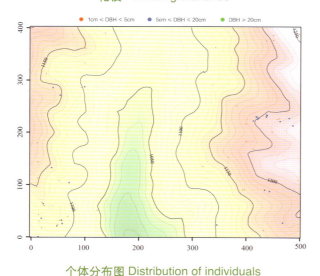

个体分布图 Distribution of individuals

178 珍珠花　　　　*Lyonia ovalifolia*　　　　杜鹃花科 Ericaceae

- 个体数 （Individuals number/20hm²）＝661
- 总胸高断面积 （Basal area）＝1.2629m²
- 重要值 （Importance value）＝1.3523
- 重要值排序 （Importance value rank）＝60
- 最大胸径 （Max DBH）＝17.3cm

灌木或小乔木。叶椭圆形，长 8~10cm，宽 4~5.8cm。总状花序长 5~10cm，着生叶腋，近基部有 2~3 枚叶状苞片。蒴果球形，直径 5mm。花期 5~6 月，果期 7~9 月。

Shrubs or small trees. Leaf blade elliptic, 8-10 cm × 4-5.8 cm. Racemes 5-10 cm, axillary, lower 2-3 bracts leaflike. Capsule globose, 5 mm in diam. Fl. May-Jun., fr. Jul.-Sep..

树干 Trunk

花 Flowers

叶背 Leaf abaxial surface

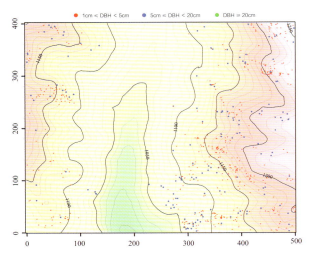

个体分布图 Distribution of individuals

径级分布表 DBH class

胸径等级 (Diameter class) (cm)	个体数 (No. of individuals)	比例 (Proportion) (%)
<2	143	21 63
2~5	362	54 77
5~10	139	21 03
10~20	17	2.57
20~30	0	0 00
30~60	0	0 00
>60	0	0 00

179 刺毛杜鹃　　*Rhododendron championiae*　　杜鹃花科 Ericaceae

- 个体数（Individuals number/20hm²）= 183
- 总胸高断面积（Basal area）= 0.3547m²
- 重要值（Importance value）= 0.4894
- 重要值排序（Importance value rank）= 116
- 最大胸径（Max DBH）= 15.2cm

常绿灌木。叶柄长 1.2~1.7cm，密被毛；叶长圆状披针形，长达 17.5cm，宽 2~5cm。伞形花序生枝顶叶腋，有花 2~7 朵。蒴果圆柱形，长达 5.5cm。花期 4~5 月，果期 5~11 月。

Evergreen shrubs. Petiole 1.2-1.7 cm, densely pubescent; leaf blade oblong-lanceolate, to 17.5 long, 2-5 cm wide. Umbels axillary at apex of branchlet, 2-7-flowered. Capsule cylindric, to 5.5 cm. Fl. Apr.-May, fr. May-Nov..

树干 Trunk

花 Flowers

叶背 Leaf abaxial surface

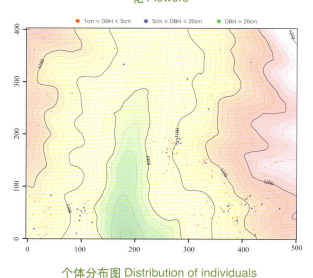

个体分布图 Distribution of individuals

径级分布表 DBH class

胸径等级 (Diameter class) (cm)	个体数 (No. of individuals)	比例 (Proportion) (%)
<2	64	34.97
2~5	83	45.36
5~10	30	16.39
10~20	6	3.28
20~30	0	0.00
30~60	0	0.00
>60	0	0.00

180 广东杜鹃 *Rhododendron rivulare var. kwangtungense* 杜鹃花科 Ericaceae

- 个体数 (Individuals number/20hm²) = 524
- 总胸高断面积 (Basal area) = 0.2677m²
- 重要值 (Importance value) = 0.8924
- 重要值排序 (Importance value rank) = 81
- 最大胸径 (Max DBH) = 18.5cm

落叶灌木。幼枝、叶柄、花梗及果密被褐色腺毛和刚毛，叶背、花萼和子房密被糙伏毛。叶披针形，长2~8cm，宽1~2.5cm。蒴果长5~10mm。花期5月，果期6~12月。

Deciduous shrubs. Young branchlets, petiole, pedicels and fruits densely brown hirsute and glandular hairy; leaves blades adaxially , calyxes and ovaries densely coarsely strigose. Leaf blade lanceolate, 2-8 cm × 1-2.5 cm. Capsule 5-10 mm. Fl. May, fr. Jun.-Dec..

树干 Trunk

花枝 Flowering branches

花 Flowers

径级分布表 DBH class

胸径等级 (Diameter class) (cm)	个体数 (No. of individuals)	比例 (Proportion) (%)
<2	435	83.02
2~5	84	16.03
5~10	1	0.19
10~20	4	0.76
20~30	0	0.00
30~60	0	0.00
>60	0	0.00

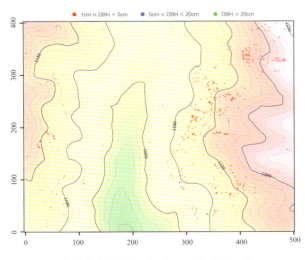

个体分布图 Distribution of individuals

181 鹿角杜鹃 *Rhododendron latoucheae* 杜鹃花科 Ericaceae

- 个体数（Individuals number/20hm²）= 642
- 总胸高断面积（Basal area）= 1.4082m²
- 重要值（Importance value）= 1.2753
- 重要值排序（Importance value rank）= 62
- 最大胸径（Max DBH）= 15.6cm

常绿灌木或小乔木。除花丝外无毛。叶集生枝顶，狭椭圆状倒披针形、倒披针形或卵状椭圆形。花单生枝顶叶腋，枝端具花 1~4 朵；花萼 2 型，不明显。果长圆柱状，长 3.5~4cm。花期 3~4 月，稀 5~6 月，果期 7~10 月。

Evergreen shrubs or small trees. Glabrous except filaments. Leaves clustered at apex, blade narrowly elliptic-lanceolate, oblanceolate or ovate-elliptic. Flowers axillary at apex, solitary, 1-4-flowered; calyx dimorphic, obscure. Fruit cylindric, 3.5-4 cm. Fl. Mar.-Apr., rarely May-Jun., fr. Jul.-Oct..

花枝 Flowering branches

花 Flowers

果 Fruits

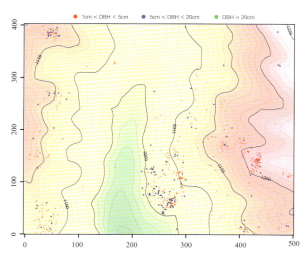

个体分布图 Distribution of individuals

径级分布表 DBH class

胸径等级 （Diameter class） （cm）	个体数 （No. of individuals）	比例 （Proportion） （%）
<2	185	28.82
2~5	330	51.40
5~10	101	15.73
10~20	26	4.05
20~30	0	0.00
30~60	0	0.00
>60	0	0.00

182 丁香杜鹃　　*Rhododendron farrerae*　　杜鹃花科 Ericaceae

- 个体数（Individuals number/20hm²）= 9
- 总胸高断面积（Basal area）= 0.0088m²
- 重要值（Importance value）= 0.0288
- 重要值排序（Importance value rank）= 194
- 最大胸径（Max DBH）= 7.3cm

落叶灌木。幼枝、嫩叶、花梗、花萼、子房密被绢质长糙伏毛。叶阔卵形，长 2~3（5.5）cm，宽 1~2cm。花淡紫红色。蒴果椭圆状卵球形，长约 1cm。花期 4~5 月，果期 6~11 月

Deciduous shrubs. Young branchlets, young leaves, pedicels, calyxes and ovaries densely coarsely strigose. Leaf blade broadly ovate, 2-3(5.5) cm × 1-2 cm. Flowers purplish red. Capsule ellipsoid-ovoid, ca. 1cm. Fl. Apr.-May, fr. Jun.-Nov..

花枝 Flowering branches

花 Flowers

叶 Leaves

径级分布表 DBH class

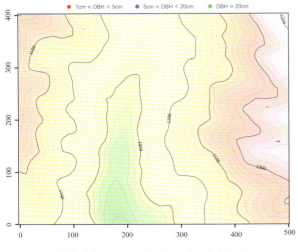

个体分布图 Distribution of individuals

胸径等级 （Diameter class） （cm）	个体数 （No. of individuals）	比例 （Proportion） （%）
<2	6	66.67
2~5	2	22.22
5~10	1	11.11
10~20	0	0.00
20~30	0	0.00
30~60	0	0.00
>60	0	0.00

183 毛棉杜鹃 *Rhododendron moulmainense* 杜鹃花科 Ericaceae

- 个体数 （Individuals number/20hm²）＝3683
- 总胸高断面积 （Basal area）＝11.4535m²
- 重要值 （Importance value）＝6.0925
- 重要值排序 （Importance value rank）＝10
- 最大胸径 （Max DBH）＝30.1cm

灌木或小乔木。全株除花丝外无毛。叶集生枝端，近于轮生，长 5~12cm，宽 2.5~8cm。伞形花序生枝顶叶腋，有花 3~5 朵。蒴果圆柱状，长 3.5~6cm。花期4~5 月，果期 7~12 月。

Shrubs or small trees. Glabrous except filaments. Leaves clustered at apex, subternate，leaf blade 5-12 cm × 2.5-8 cm. Umbels axillary at apex of branchlet, 3-5-flowered. Capsule cylindric, 3.5-6 cm. Fl. Apr.-May, fr. Jul.-Dec..

树干 Trunk

花 Flowers

叶背 Leaf abaxial surface

径级分布表 DBH class

胸径等级 （Diameter class） （cm）	个体数 （No. of individuals）	比例 （Proportion） （%）
<2	1191	32.34
2~5	1544	41.92
5~10	628	17.05
10~20	308	8.36
20~30	11	0.30
30~60	1	0.03
>60	0	0.00

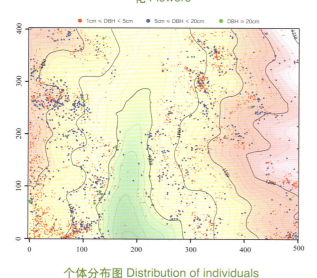

个体分布图 Distribution of individuals

184 马银花　　*Rhododendron ovatum*　　杜鹃花科 Ericaceae

- 个体数（Individuals number/20hm²）= 8824
- 总胸高断面积（Basal area）= 17.4291m²
- 重要值（Importance value）= 12.6690
- 重要值排序（Importance value rank）= 4
- 最大胸径（Max DBH）= 24.7cm

常绿灌木。幼枝、花梗、花萼有腺体和柔毛。叶柄被微毛；叶卵形，长 3.5~5cm，宽 1.9~2.5cm，急尖，两面中脉被毛。花单生。果近球形，直径 6mm。花期 4~5 月，果期 7~10 月。

Evergreen shrubs. Young branchlets, pedicels and calyxes glandular-hairy and pubescent. Petioles with minute appressed hairs; leaf blade ovate, 3.5-5 cm × 1.9-2.5 cm, apex acute, midveins abaxially and abaxially pubescent. Flowers solitary. Fruits subglobose, 6 mm in diam. Fl. Apr.-May, fr. Jul.-Oct..

树干 Trunk

叶 Leaves

花 Flowers

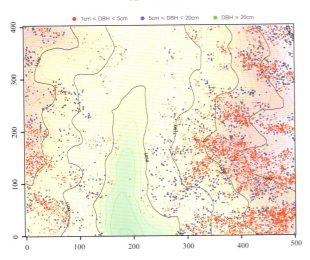
个体分布图 Distribution of individuals

径级分布表 DBH class

胸径等级 （Diameter class） （cm）	个体数 （No. of individuals）	比例 （Proportion） （%）
<2	2796	31.69
2~5	4500	51.00
5~10	1379	15.63
10~20	143	1.62
20~30	6	0.07
30~60	0	0.00
>60	0	0.00

185 猴头杜鹃　　*Rhododendron simiarum*　　杜鹃花科 Ericaceae

- 个体数（Individuals number/20hm²）= 8
- 总胸高断面积（Basal area）= 0.0190m²
- 重要值（Importance value）= 0.0269
- 重要值排序（Importance value rank）= 197
- 最大胸径（Max DBH）= 9cm

常绿灌木。叶常密生于枝顶，5~7 枚，长 5.5~10cm，宽 2~4.5cm。花序有 5~9 花；花冠乳白色至粉红色，喉部有紫红色斑点。蒴果长椭圆形，长 1.2~1.8cm。花期 4~5 月，果期 7~9 月。

Evergreen shrubs. Leaves usually 5-7-clustered at apex, leaf blade 5.5-10 cm × 2-4.5 cm. Inflorescences 5-9-flowered; corolla white to pink, with purplish red flecks. Capsule cylindric, 1.2-1.8 cm. Fl. Apr.-May, fr. Jul.-Sep..

树干 Trunk

花 Flowers

果枝 Fruiting branches

径级分布表 DBH class

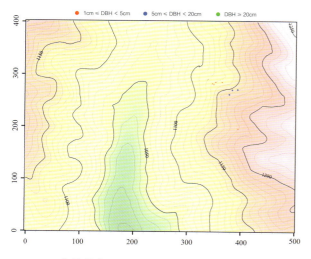

个体分布图 Distribution of individuals

胸径等级 （Diameter class） （cm）	个体数 （No. of individuals）	比例 （Proportion） （%）
<2	0	0.00
2~5	5	62.50
5~10	3	37.50
10~20	0	0.00
20~30	0	0.00
30~60	0	0.00
>60	0	0.00

186 南烛　　　*Vaccinium bracteatum*　　　杜鹃花科 Ericaceae

- 个体数 （Individuals number/20hm²）= 49
- 总胸高断面积 （Basal area）= 0.0702m²
- 重要值 （Importance value）= 0.1890
- 重要值排序 （Importance value rank）= 142
- 最大胸径 （Max DBH）= 11.3cm

常绿灌木或小乔木。幼枝被短柔毛或无毛，老枝无毛。叶较短而厚革质，卵状椭圆形，长 4~9cm，宽 2-4cm，边缘有细锯齿。总状花序密被短柔毛，稀无毛。花白色。浆果。花期 6~7 月，果期 8~10 月。

Evergreen shrubs or small trees. Twigs inconspicuously angled, pubescent or glabrous. Leaves short and thickly leathery, ovate-elliptic, 4-9 cm × 2-4 cm, margin denticulate. Inflorescences racemose, densely pubescent, rarely glabrous. Flowers white. Fruit a berry. Fl. Jun.-Jul., fr. Aug.-Oct..

树干 Trunk

枝叶 Branch and leaves

果枝 Fruiting branches

径级分布表 DBH class

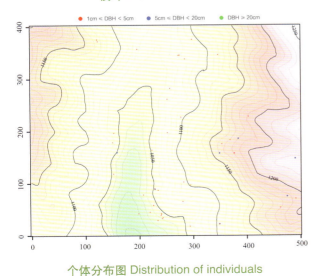

个体分布图 Distribution of individuals

胸径等级 （Diameter class） （cm）	个体数 （No. of individuals）	比例 （Proportion） （%）
<2	23	46.94
2~5	19	38.78
5~10	6	12.24
10~20	1	2.04
20~30	0	0.00
30~60	0	0.00
>60	0	0.00

187 短尾越橘　*Vaccinium carlesii*　杜鹃花科 Ericaceae

- 个体数（Individuals number/20hm²）= 803
- 总胸高断面积（Basal area）= 0.9785m²
- 重要值（Importance value）= 1.5291
- 重要值排序（Importance value rank）= 54
- 最大胸径（Max DBH）= 12.8cm

常绿灌木或乔木。叶密生，长 2~7cm，宽 1~2.5cm，有疏浅锯齿。总状花序长 2~3.5cm；花冠白色，宽钟状，5 裂几达中部。浆果球形，直径 5mm。花期 5~6 月，果期 8~10 月。

Evergreen shrubs or trees. Leaves dense, 2-7 cm × 1-2.5 cm, margin serrate. Racemes 2-3.5 cm, corolla white, broadly campanulate, 5-lobes to near 1/2. Berry globose, 5 mm in diam. Fl. May-Jun., fr. Aug.-Oct..

树干 Trunk

枝叶 Branch and leaves

叶 Leaves

径级分布表 DBH class

胸径等级 （Diameter class） （cm）	个体数 （No. of individuals）	比例 （Proportion） （%）
<2	329	40.97
2~5	395	49.19
5~10	73	9.09
10~20	6	0.75
20~30	0	0.00
30~60	0	0.00
>60	0	0.00

个体分布图 Distribution of individuals

188 长尾乌饭　　*Vaccinium longicaudatum*　　杜鹃花科 Ericaceae

- 个体数（Individuals number/20hm²）= 8
- 总胸高断面积（Basal area）= 0.0179m²
- 重要值（Importance value）= 0.0310
- 重要值排序（Importance value rank）= 190
- 最大胸径（Max DBH）= 7.4cm

常绿灌木；高 1.5~4m。叶椭圆状披针形，长 4.5~7cm，宽 1.8~2.5cm，具 1-1.5cm 的尖尾。总状花序腋生，长 1.5~2cm；花冠筒状，白色。浆果球形。花期 6 月，果期 11 月。

Evergreen shrubs, 1.5-4 m tall. Leaf blade elliptic-lance-olate, 4.5-7 cm × 1.8-2.5 cm. Apex with 1-1.5cm caudate acuminate. Racemes axillary, 1.5-2 cm; corolla tubular, white. Berry globose. Fl. Jun., fr. Nov..

叶 Leaves

枝 Branch

叶背 Leaf abaxial surface

径级分布表 DBH class

胸径等级 (Diameter class) (cm)	个体数 (No. of individuals)	比例 (Proportion) (%)
<2	3	37.50
2~5	3	37.50
5~10	2	25.00
10~20	0	0.00
20~30	0	0.00
30~60	0	0.00
>60	0	0.00

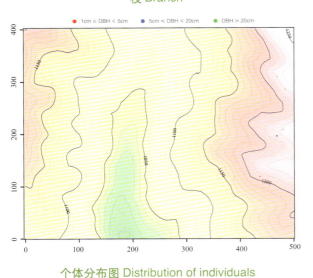

个体分布图 Distribution of individuals

189 江南越橘 *Vaccinium mandarinorum* 杜鹃花科 Ericaceae

- 个体数 (Individuals number/20hm²) = 241
- 总胸高断面积 (Basal area) = 0.3642m²
- 重要值 (Importance value) = 0.8237
- 重要值排序 (Importance value rank) = 85
- 最大胸径 (Max DBH) = 23.6cm

常绿灌木或小乔木。叶卵形或长圆状披针形，长3~9cm，宽1.5~3cm。总状花序长2.5~7（10）cm；花冠白色，有时带淡红色，微香。浆果直径4~6mm。花期4~6月，果期6~10月。

Evergreen shrubs or small trees. Leaf blade ovate or oblong-lanceolate, 3-9 cm × 1.5-3 cm. Racemes 2.5-7 (10) cm; corolla white, sometimes pinkish, slightly scented. Berry 4-6 mm in diam. Fl. Apr.-Jun., fr. Jun.-Oct..

树干 Trunk

叶背 Leaf abaxial surface

花枝 Flowering branches

径级分布表 DBH class

胸径等级 (Diameter class) (cm)	个体数 (No. of individuals)	比例 (Proportion) (%)
<2	84	34.85
2~5	121	50.21
5~10	33	13.69
10~20	2	0.83
20~30	1	0.41
30~60	0	0.00
>60	0	0.00

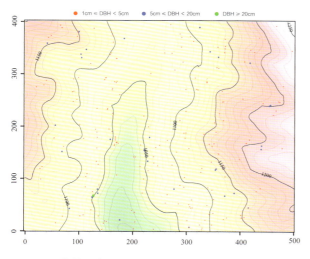

个体分布图 Distribution of individuals

190 马比木　　*Nothapodytes pittosporoides*　　茶茱萸科 Icacinaceae

- 个体数（Individuals number/20hm²）＝ 11
- 总胸高断面积（Basal area）＝ 0.0072m²
- 重要值（Importance value）＝ 0.0479
- 重要值排序（Importance value rank）＝ 182
- 最大胸径（Max DBH）＝ 6.5cm

灌木或乔木。叶长圆形或倒披针形，长（7）10~15（24）cm，宽 2~4.5（6）cm。聚伞花序；花瓣黄色，条形，宽 1~2mm，先端反折，肉质。核果。花期 4~6 月，果期 6~8 月。

Shrubs or trees. Leaf blade oblong or oblanceolate, (7)10-15(24) cm × 2-4.5(6) cm. Inflorescences cymose; petals yellow, loriform, 1-2 mm, apex reflexed, fleshy. Fruit a drupe. Fl. Apr.-Jun., fr. Jun.-Aug..

花 Flowers

果 Fruits

叶 Leaves

径级分布表 DBH class

胸径等级 （Diameter class） （cm）	个体数 （No. of individuals）	比例 （Proportion） （%）
<2	5	45.45
2~5	5	45.45
5~10	1	9.09
10~20	0	0.00
20~30	0	0.00
30~60	0	0.00
>60	0	0.00

个体分布图 Distribution of individuals

191 水团花 *Adina pilulifera* 茜草科 Rubiaceae

- 个体数（Individuals number/20hm²）＝8
- 总胸高断面积（Basal area）＝0.0021m²
- 重要值（Importance value）＝0.0232
- 重要值排序（Importance value rank）＝202
- 最大胸径（Max DBH）＝2.3cm

小乔木。叶对生，椭圆形至椭圆状披针形，长4~12cm，宽1.5~3cm；叶柄长2~6mm。头状花序明显腋生。果序径8~10mm。花期6~9月，果期6~12月。

Small trees. Leaves opposite, blade elliptic to elliptic-lanceolate, 4-12 cm × 1.5-3 cm; petiole 2-6 mm. Flowering heads borne separately on axillary. Fruiting heads 8-10 mm in diam. Fl. Jun.-Sep., fr. Jun.-Dec..

花 Flowers

枝叶 Branch and leaves

果 Fruits

径级分布表 DBH class

胸径等级 (Diameter class) (cm)	个体数 (No. of individuals)	比例 (Proportion) (%)
<2	6	75.00
2~5	2	25.00
5~10	0	0.00
10~20	0	0.00
20~30	0	0.00
30~60	0	0.00
>60	0	0.00

个体分布图 Distribution of individuals

1cm ≤ DBH < 5cm   5cm ≤ DBH < 20cm   DBH ≥ 20cm

192 茜树　　*Aidia cochinchinensis*　　茜草科 Rubiaceae

- 个体数（Individuals number/20hm²）= 15
- 总胸高断面积（Basal area）= 0.0061m²
- 重要值（Importance value）= 0.0515
- 重要值排序（Importance value rank）= 179
- 最大胸径（Max DBH）= 4cm

常绿灌木或小乔木。嫩枝无毛。叶对生，椭圆形，长6~21.5cm，宽1.5~8cm。聚伞花序与叶对生；花梗长常不及5mm。浆果球形。花期3~6月，果期5月至翌年2月。

Evergreen shrubs or small trees. Young branchlets glabrous. Leaves opposite, blade 6-21.5 cm × 1.5-8 cm. Cymes opposite to leaves; pedicels shorter than 5 mm. Berry globose. Fl. Mar.-Jun., fr. May-Feb. of following year.

树干 Trunk

花枝 Flowering branches

果枝 Fruiting branches

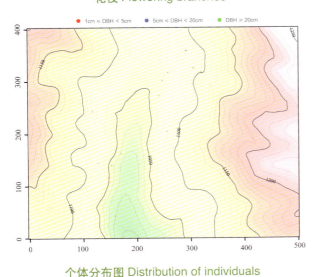

个体分布图 Distribution of individuals

径级分布表 DBH class

胸径等级 （Diameter class） （cm）	个体数 （No. of individuals）	比例 （Proportion） （%）
<2	8	53.33
2~5	7	46.67
5~10	0	0.00
10~20	0	0.00
20~30	0	0.00
30~60	0	0.00
>60	0	0.00

193 狗骨柴 *Diplospora dubia* 茜草科 Rubiaceae

- 个体数 （Individuals number/20hm²）= 1
- 总胸高断面积 （Basal area）= 0.0003m²
- 重要值 （Importance value）= 0.0048
- 重要值排序 （Importance value rank）= 218
- 最大胸径 （Max DBH）= 1.4cm

灌木或乔木。叶交互对生，革质，卵状长圆形、长圆形、椭圆形或披针形，两面无毛，叶背网脉不明显。花腋生。浆果近球形。花期 4~8 月，果期 5 月至翌年 2 月。

Shrubs or trees. Leaves opposite, blade leathery, ovate-oblong, oblong, elliptic or lanceolate, both surfaces glabrous, secondary veins adaxially inconspicuous. Flowers axillary. Berry subglobose. Fl. Apr.-Aug., fr. May-Feb. of following year.

叶背 Leaf abaxial surface

花枝 Flowering branches

果 Fruits

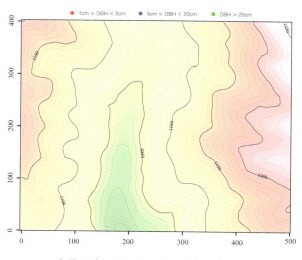

个体分布图 Distribution of individuals

径级分布表 DBH class

胸径等级 （Diameter class） （cm）	个体数 （No. of individuals）	比例 （Proportion） （%）
<2	1	100.00
2~5	0	0.00
5~10	0	0.00
10~20	0	0.00
20~30	0	0.00
30~60	0	0.00
>60	0	0.00

194 栀子　　*Gardenia jasminoides*　　茜草科 Rubiaceae

- 个体数（Individuals number/20hm²）= 27
- 总胸高断面积（Basal area）= 0.0061m²
- 重要值（Importance value）= 0.1059
- 重要值排序（Importance value rank）= 159
- 最大胸径（Max DBH）= 3.3cm

常绿灌木。叶对生，革质，叶形多样，通常为长圆状披针形，长 3~25cm，宽 1.5~8cm。花单朵生于枝顶，单瓣。浆果常卵形。花期 3~7 月，果期 5 月至翌年 2 月。

Evergreen shrubs. Leaves opposite, blade leathery, variable in shape, usually oblong-lanceolate, 3-25 cm × 1.5-8 cm. Flowers solitary, terminal, corolla simple. Berry usually ovoid. Fl. Mar.-Jul., fr. May-Feb. of following year.

叶 Leaves

花 Flower

果 Fruit

径级分布表 DBH class

胸径等级 （Diameter class） （cm）	个体数 （No. of individuals）	比例 （Proportion） （%）
<2	23	85.19
2~5	4	14.81
5~10	0	0.00
10~20	0	0.00
20~30	0	0.00
30~60	0	0.00
>60	0	0.00

个体分布图 Distribution of individuals

195 日本粗叶木　　*Lasianthus japonicus*　　茜草科 Rubiaceae

- 个体数（Individuals number/20hm²）= 32
- 总胸高断面积（Basal area）= 0.0053m²
- 重要值（Importance value）= 0.1277
- 重要值排序（Importance value rank）= 157
- 最大胸径（Max DBH）= 2.4cm

灌木。叶长圆形或披针状长圆形，长 9~15cm，宽 2~3.5cm。花无梗，常 2~3 朵簇生；花冠白色，长 8~10mm，裂片 5。核果径约 5mm，内含 5 个分核。花期 4~5 月，果期 6~10 月。

Shrubs. Leaf blade oblong or lanceolate-oblong, 9-15 cm × 2-3.5 cm. Flowers subsessile, usually 2-3-clustered; corolla white, 8-10 mm, calyxes 5. Drupe 5 mm in diam, pyrenes 5. Fl. Apr.-May, fr. Jun.-Oct..

花 Flowers

叶背 Leaf abaxial surface

叶 Leaves

径级分布表 DBH class

胸径等级 (Diameter class) (cm)	个体数 (No. of individuals)	比例 (Proportion) (%)
<2	30	93.75
2~5	2	6.25
5~10	0	0.00
10~20	0	0.00
20~30	0	0.00
30~60	0	0.00
>60	0	0.00

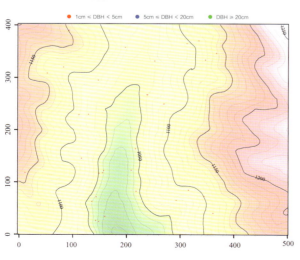

个体分布图 Distribution of individuals

196 黄棉木　　*Metadina trichotoma*　　茜草科 Rubiaceae

- 个体数 （Individuals number/20hm²）= 32
- 总胸高断面积 （Basal area）= 0.0586m²
- 重要值 （Importance value）= 0.1050
- 重要值排序 （Importance value rank）= 164
- 最大胸径 （Max DBH）= 13.9cm

乔木。叶长披针形，长 6~15cm，宽 2~4cm，基部楔形，侧脉 8~12 对。头状花序顶生，多数；花冠高脚碟状或窄漏斗状。蒴果。花果期 4~12 月。

Trees. Leaf blade oblong-lanceolate, 6-15 cm × 2-4 cm, base cuneate, lateral veins 8-12-paired. Flowering heads terminal, many flowered; corolla salverform to narrowly funnelform. Fruit capsular. Fl. and fr. Apr.-Dec..

枝叶 Branch and leaves

叶 Leaves

叶背 Leaf abaxial surface

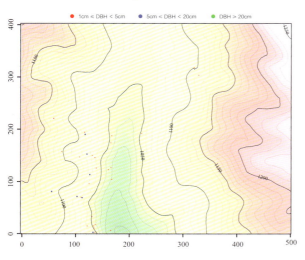

个体分布图 Distribution of individuals

径级分布表 DBH class

胸径等级 （Diameter class） （cm）	个体数 （No. of individuals）	比例 （Proportion） （%）
<2	11	34.38
2~5	14	43.75
5~10	6	18.75
10~20	1	3.13
20~30	0	0.00
30~60	0	0.00
>60	0	0.00

197 长花厚壳树　　*Ehretia longiflora*　　紫草科 Boraginaceae

- 个体数（Individuals number/20hm²）= 128
- 总胸高断面积（Basal area）= 1.1033m²
- 重要值（Importance value）= 0.5008
- 重要值排序（Importance value rank）= 111
- 最大胸径（Max DBH）= 30.4cm

乔木。叶长圆形，长 8~12cm，宽 3.5~5cm，顶端急尖，全缘。聚伞花序生侧枝顶端；花冠裂片比管长。核果淡黄色或红色，直径 8~15mm。花期 4 月，果期 6~7 月。

Trees. Leaf blade oblong, 8-12 cm × 3.5-5 cm, apex acute, margin entire. Lobes longer than corolla tubes. Drupes pale yellow or red, 8-15 mm in diam. Fl. Apr., fr. Jun.-Jul..

花 Flowers

果 Fruits

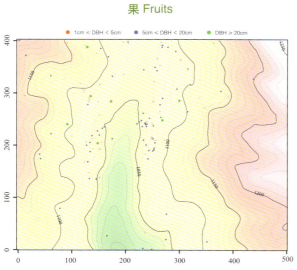

叶背 Leaf abaxial surface

个体分布图 Distribution of individuals

径级分布表 DBH class

胸径等级 (Diameter class) (cm)	个体数 (No. of individuals)	比例 (Proportion) (%)
<2	14	10.94
2~5	42	32.81
5~10	36	28.13
10~20	29	22.66
20~30	6	4.69
30~60	1	0.78
>60	0	0.00

198 枝花李榄 *Chionanthus ramiflorus* 木樨科 Oleaceae

- 个体数 （Individuals number/20hm²）= 24
- 总胸高断面积 （Basal area）= 0.0204m²
- 重要值 （Importance value）= 0.0532
- 重要值排序 （Importance value rank）= 178
- 最大胸径 （Max DBH）= 8.3cm

灌木或乔木。叶椭圆形，长 (5) 8~20 (30) cm，宽 2.5 (2.5) 4~7 (12) cm。花序长 2.5~25cm；花长 2.5~3mm。果长 1.5~3cm，径 0.5~2.2cm，呈蓝黑色，被白粉。花期 12 月至翌年 6 月，果期 5 月至翌年 3 月。

Shrubs or trees. Leaf blade elliptic, (5)8-20(30) cm × (2.5) 4-7(12) cm. Inflorescences 2.5-25 cm; flowers 2.5-3 mm. Fruits 1.5-3 cm × 0.5-2.2 cm, bluish black, pruinose. Fl. Dec.-Jun. of following year, fr. May-Mar. of following year.

树干 Trunk

枝 Branch

叶 Leaves

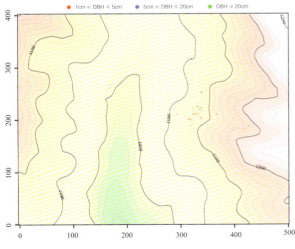

个体分布图 Distribution of individuals

径级分布表 DBH class

胸径等级 (Diameter class) (cm)	个体数 (No. of individuals)	比例 (Proportion) (%)
<2	9	37.50
2~5	14	58.33
5~10	1	4.17
10~20	0	0.00
20~30	0	0.00
30~60	0	0.00
>60	0	0.00

199 日本女贞 *Ligustrum japonicum* 木樨科 Oleaceae

- 个体数 （Individuals number/20hm²）= 1
- 总胸高断面积 （Basal area）= 0.0002m²
- 重要值 （Importance value）= 0.0043
- 重要值排序 （Importance value rank）= 226
- 最大胸径 （Max DBH）= 1.5cm

大型常绿灌木。叶椭圆形，长 5~8 (10) cm，宽 2.5~5cm，叶缘平或微反卷。圆锥花序塔形，长 5~17cm。果长 8~10mm，宽 6~7mm，外被白粉。花期 6 月，果期 11 月。

Large evergreen shrubs. Leaf blade 5-8(10) cm × 2.5-5 cm. Margin plane or slightly revolute. Panicles pyramidal, 5-17 cm. Fruits 8-10 mm × 6-7 mm, pruinose. Fl. Jun., fr. Nov..

果枝 Fruiting branches

果 Fruits

枝叶 Branch and leaves

径级分布表 DBH class

胸径等级 (Diameter class) (cm)	个体数 (No. of individuals)	比例 (Proportion) (%)
<2	1	100.00
2~5	0	0.00
5~10	0	0.00
10~20	0	0.00
20~30	0	0.00
30~60	0	0.00
>60	0	0.00

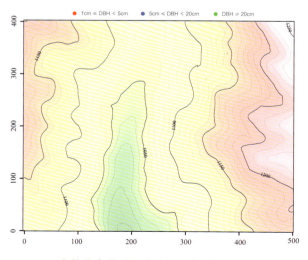
个体分布图 Distribution of individuals

200 小蜡　　　*Ligustrum sinense*　　　木樨科 Oleaceae

- 个体数（Individuals number/20hm²）= 15
- 总胸高断面积（Basal area）= 0.0659m²
- 重要值（Importance value）= 0.0758
- 重要值排序（Importance value rank）= 172
- 最大胸径（Max DBH）= 12.3cm

落叶灌木或小乔木。单叶对生，卵形至椭圆状卵形，长 2~7（9）cm，宽 1~3（3.5）cm，两面略被毛。圆锥花序顶生或腋生。果近球形。花期 3~6 月，果期 9~12 月。

Deciduous shrubs or small trees. Leaves opposite, blade ovate to elliptic-ovate, 2-7(9) cm × 1.5-3(3.5) cm, both surfaces sparsely pubescent. Panicles terminal or axillary. Fruits subglobose. Fl. Mar.-Jun., fr. Sep.-Dec..

花 Flowers

叶 Leaves

果 Fruits

径级分布表 DBH class

胸径等级 （Diameter class） （cm）	个体数 （No. of individuals）	比例 （Proportion） （%）
<2	10	66.67
2~5	2	13.33
5~10	1	6.67
10~20	2	13.33
20~30	0	0.00
30~60	0	0.00
>60	0	0.00

个体分布图 Distribution of individuals

1cm ≤ DBH < 5cm　　5cm ≤ DBH < 20cm　　DBH ≥ 20cm

201 细脉木樨 *Osmanthus gracilinervis* 木樨科 Oleaceae

- 个体数（Individuals number/20hm²）＝447
- 总胸高断面积（Basal area）＝0.5174m²
- 重要值（Importance value）＝1.1225
- 重要值排序（Importance value rank）＝72
- 最大胸径（Max DBH）＝20.1cm

常绿小乔木或灌木。叶椭圆形，长 5~9cm，宽 2~3 (3.5) cm。花序簇生于叶腋，有花 5~10 朵；花冠白，长约 4mm。果椭圆形，长约 1.5cm。花期 9~10 月，果期翌年 4~5 月。

Evergreen small trees or shrubs. Leaf elliptic, 5-9 cm × 2-3 (3.5) cm. Inflorescences fascicled in leaf axils, 5-10-flowered; corolla white, ca. 4 mm. Fruits ellipsoid, ca. 1.5 cm. Fl. Sep.-Oct., fr. Apr.-May of following year.

树干 Trunk

叶 Leaves

枝 Branch

径级分布表 DBH class

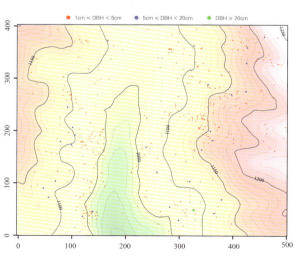

个体分布图 Distribution of individuals

胸径等级 (Diameter class) (cm)	个体数 (No. of individuals)	比例 (Proportion) (%)
<2	205	45.86
2~5	212	47.43
5~10	23	5.15
10~20	6	1.34
20~30	1	0.22
30~60	0	0.00
>60	0	0.00

202 万钧木　　*Chengiodendron marginatum*　　木樨科 Oleaceae

- 个体数（Individuals number/20hm²）= 52
- 总胸高断面积（Basal area）= 0.0389m²
- 重要值（Importance value）= 0.1777
- 重要值排序（Importance value rank）= 147
- 最大胸径（Max DBH）= 6.8cm

常绿灌木或乔木，高 5~10m。叶长 9~15cm，宽 2.5~4cm，边缘反卷。聚伞花序组成圆锥花序腋生，长 1~2cm，有花 10~20 朵；柱头 2 裂。果熟时黑色。花期 5~6 月，果期 11~12 月。

Evergreen shrubs or trees, 5-10 m tall. Leaf blade 9-15 cm × 2.5-4 cm, margin revolute. Cymes in panicles, axillary, 1-2 cm, 10-20-flowered; stigma 2-lobed. Fruits black when mature. Fl. May-Jun., fr. Nov.-Dec..

树干 Trunk

叶 Leaves

果 Fruits

径级分布表 DBH class

胸径等级 （Diameter class） （cm）	个体数 （No. of individuals）	比例 （Proportion） （%）
<2	25	48.08
2~5	23	44.23
5~10	4	7.69
10~20	0	0.00
20~30	0	0.00
30~60	0	0.00
>60	0	0.00

个体分布图 Distribution of individuals

203 短柄紫珠　　*Callicarpa brevipes*　　唇形科 Lamiaceae

- 个体数（Individuals number/20hm²）= 13
- 总胸高断面积（Basal area）= 0.0060m²
- 重要值（Importance value）= 0.0493
- 重要值排序（Importance value rank）= 181
- 最大胸径（Max DBH）= 6cm

灌木。叶披针形，长9~24cm，宽1.5~4cm，背面有黄色腺点。聚伞花序2~3次分歧，宽约1.5cm；花冠白色。果实径3~4mm。花期4~6月，果期7~10月。

Shrubs. Leaf blade lanceolate, 9-24 cm × 1.5-4 cm, yellow glandular abaxially. Cymes 2 or 3 times dichotomous, ca. 1.5 cm across; corolla white. Fruits 3-4 mm in diam. Fl. Apr.-Jun., fr. Jul.-Oct..

叶 Leaves

花枝 Flowering branches

花 Flowers

径级分布表 DBH class

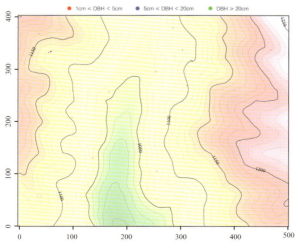

个体分布图 Distribution of individuals

胸径等级 （Diameter class） （cm）	个体数 （No. of individuals）	比例 （Proportion） （%）
<2	10	76.92
2~5	2	15.38
5~10	1	7.69
10~20	0	0.00
20~30	0	0.00
30~60	0	0.00
>60	0	0.00

204 红紫珠 *Callicarpa rubella* 唇形科 Lamiaceae

- 个体数 (Individuals number/20hm²) = 2
- 总胸高断面积 (Basal area) = 0.0005m²
- 重要值 (Importance value) = 0.0091
- 重要值排序 (Importance value rank) = 211
- 最大胸径 (Max DBH) = 1.8cm

灌木。叶倒卵形或倒卵状椭圆形，长 10~14（21）cm，宽 4~8（10）cm，顶端尖，背面密被星状毛和黄色腺点。聚伞花序；花萼具黄色腺点。花期 5~7 月，果期 7~11 月。

Shrubs. Leaf blade obovate or ovate-elliptic, 10-14 (21) cm × 4-8(10) cm, apex acuminate, abaxially stellate pubescent and yellow glandular. Inflorescences cymose; calyx yellow glandular. Fl. May-Jul., fr. Jul.-Nov..

树干 Trunk

花枝 Flowering branches

叶背 Leaf abaxial surface

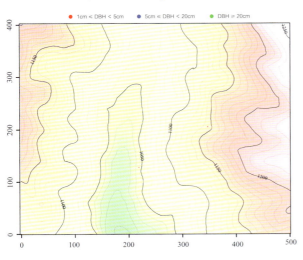

个体分布图 Distribution of individuals

径级分布表 DBH class

胸径等级 (Diameter class) (cm)	个体数 (No. of individuals)	比例 (Proportion) (%)
<2	2	100.00
2~5	0	0.00
5~10	0	0.00
10~20	0	0.00
20~30	0	0.00
30~60	0	0.00
>60	0	0.00

205 大青　　*Clerodendrum cyrtophyllum*　　唇形科 Lamiaceae

- 个体数（Individuals number/20hm²）= 30
- 总胸高断面积（Basal area）= 0.1046m²
- 重要值（Importance value）= 0.1013
- 重要值排序（Importance value rank）= 162
- 最大胸径（Max DBH）= 33.4cm

灌木。叶椭圆形、卵状椭圆形，长 6~20cm，宽 3~9cm，边全缘，稀有锯齿。顶生花序；花冠白色，冠管比萼管倍长。核果倒卵形或球形。花果期 6 月至翌年 2 月。

Shrubs. Leaf blade elliptic or ovate-elliptic, 6-20 cm × 3-9 cm, margin entire, rarely serrate. Inflorescences terminal; corolla white, corolla tube 2 times longer than calyx. Drupes obovate to globose. Fl. and fr. Jun.-Feb. of following year.

树干 Trunk

叶 Leaves

花枝 Flowering branches

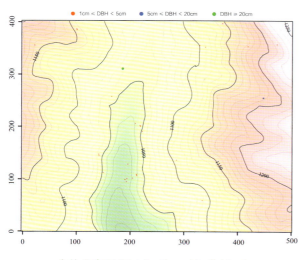
个体分布图 Distribution of individuals

径级分布表 DBH class

胸径等级 (Diameter class) (cm)	个体数 (No. of individuals)	比例 (Proportion) (%)
<2	10	33.33
2~5	18	60.00
5~10	1	3.33
10~20	0	0.00
20~30	0	0.00
30~60	1	3.33
>60	0	0.00

206 海通　　*Clerodendrum mandarinorum*　　唇形科 Lamiaceae

- 个体数 (Individuals number/20hm²) = 129
- 总胸高断面积 (Basal area) = 2.4666m²
- 重要值 (Importance value) = 0.6653
- 重要值排序 (Importance value rank) = 91
- 最大胸径 (Max DBH) = 46.1cm

乔木。叶卵状椭圆形、卵形或心形，长 10~27cm，宽 6~20cm。花序顶生；冠白色或淡紫色，冠管比萼管倍长。核果近球形。花果期 7~12 月。

Trees. Leaf blade ovate-elliptic, ovate or cordate, 10-27 cm × 6-20 cm. Inflorescences terminal; corolla white or purplish, corolla tube 2 times longer than calyx. Drupes subglobose. Fl. and fr. Jul.-Dec..

树干 Trunk

叶 Leaves

花 Flowers

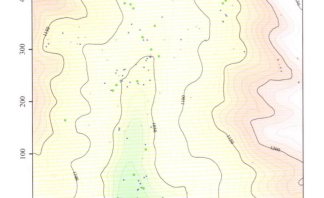
个体分布图 Distribution of individuals

径级分布表 DBH class

胸径等级 (Diameter class) (cm)	个体数 (No. of individuals)	比例 (Proportion) (%)
<2	8	6.20
2~5	40	31.01
5~10	25	19.38
10~20	37	28.68
20~30	10	7.75
30~60	9	6.98
>60	0	0.00

207 台湾泡桐　　*Paulownia kawakamii*　　泡桐科 Paulowniaceae

- 个体数（Individuals number/20hm²）= 1
- 总胸高断面积（Basal area）= 0.0036m²
- 重要值（Importance value）= 0.0047
- 重要值排序（Importance value rank）= 219
- 最大胸径（Max DBH）= 6.8cm

小乔木。叶片心脏形，长达48cm，全缘或3~5裂或有角。花序宽大圆锥形，长可达1m；花冠近钟形，浅紫色至蓝紫色，长3~5cm。蒴果长2.5~4cm，顶端有短喙。花期4~5月，果期8~9月。

Small trees. Leaf blade cordate, to 48 cmm margin entire or 3-5-lobed or angled. Inflorescences broadly conical, to 1 m; corolla subcampanulate, pale violet to blue-purple, 3-5 cm. Capsule 2.5-4 cm, apex short beaked. Fl. Apr.-May, fr. Aug.-Sep..

树干 Trunk

果 Fruits

花 Flowers

径级分布表 DBH class

胸径等级 (Diameter class) (cm)	个体数 (No. of individuals)	比例 (Proportion) (%)
<2	0	0.00
2~5	0	0.00
5~10	1	100.00
10~20	0	0.00
20~30	0	0.00
30~60	0	0.00
>60	0	0.00

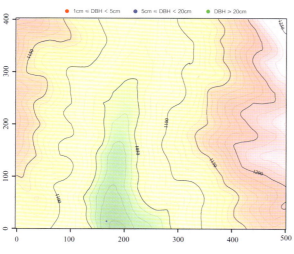

个体分布图 Distribution of individuals

208 冬青 *Ilex chinensis* 冬青科 Aquifoliaceae

- 个体数 （Individuals number/20hm²）＝9
- 总胸高断面积 （Basal area）＝0.0087m²
- 重要值 （Importance value）＝0.0395
- 重要值排序 （Importance value rank）＝187
- 最大胸径 （Max DBH）＝5.1cm

常绿乔木。叶椭圆形或披针形，长5~11cm，宽2~4cm。花淡紫色或紫红色，4~5基数。果长球形，长10~12mm，直径6~8mm；分核4~5。花期4~6月，果期7~12月。

Evergreen trees. Leaf blade elliptic or lanceolate, 5-11 cm × 2-4 cm. Flowers purplish or purple-red, 4-5-merous. Fruit narrowly globose, 1-12 mm × 6-8 mm; pyrenes 4 or 5. Fl. Apr.-Jun., fr. Jul.-Dec..

叶 Leaves

果 Fruits

果枝 Fruiting branches

径级分布表 DBH class

胸径等级 (Diameter class) (cm)	个体数 (No. of individuals)	比例 (Proportion) (%)
<2	7	77.78
2~5	1	11.11
5~10	1	11.11
10~20	0	0.00
20~30	0	0.00
30~60	0	0.00
>60	0	0.00

个体分布图 Distribution of individuals

209 显脉冬青　　*Ilex editicostata*　　冬青科 Aquifoliaceae

- 个体数（Individuals number/20hm²）= 477
- 总胸高断面积（Basal area）= 0.9934m²
- 重要值（Importance value）= 1.2422
- 重要值排序（Importance value rank）= 65
- 最大胸径（Max DBH）= 19.1cm

常绿灌木至小乔木。全株无毛。枝具棱。叶披针形，长 10~17cm，宽 3~8.5cm，全缘。聚伞花序单生。果球形，直径 6~10mm。4~6 分核。花期 5~6 月，果期 8~11 月。

Evergreen shrubs to small trees. Glabrous throughout. Branches angular. Leaf blade lanceolate, 10-17 cm × 3-8.5 cm, margin entire. Cymes solitary. Fruits globose, 6-10 mm in diam, pyrenes 4-6. Fl. May-Jun., fr. Aug.-Nov..

树干 Trunk

叶 Leaves

果枝 Fruiting branches

径级分布表 DBH class

胸径等级 （Diameter class） （cm）	个体数 （No. of individuals）	比例 （Proportion） （%）
<2	170	35.64
2~5	208	43.61
5~10	77	16.14
10~20	22	4.61
20~30	0	0.00
30~60	0	0.00
>60	0	0.00

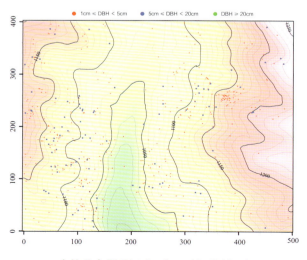

个体分布图 Distribution of individuals

210 厚叶冬青 *Ilex elmerrilliana* 冬青科 Aquifoliaceae

- 个体数 (Individuals number/20hm²) = 1975
- 总胸高断面积 (Basal area) = 6.8339m²
- 重要值 (Importance value) = 3.9178
- 重要值排序 (Importance value rank) = 18
- 最大胸径 (Max DBH) = 51.4cm

小乔木。无毛。叶椭圆形，长 5~9cm，宽 2~3.5cm，全缘。花序簇生于 2 年生枝的叶腋内或当年生枝的鳞片腋内。果球形，直径 5mm，6 或 7 分核。花期 4~5 月，果期 7~11 月。

Small trees. Glabrous. Leaf blade elliptic, 5-9 cm × 2-3.5 cm, margin entire. Inflorescences fascicled in leaf axils on second year's branchlets, or scale axils on current year's branchlets. Fruit globose, 5 mm in diam, pyrenes 6-7. Fl. Apr.-May, fr. Jul.-Nov..

果 Fruits

花枝 Flowering branches

叶 Leaves

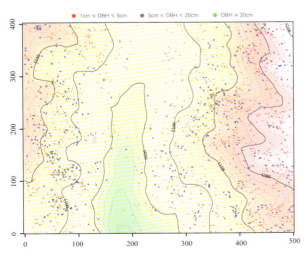

个体分布图 Distribution of individuals

径级分布表 DBH class

胸径等级 (Diameter class) (cm)	个体数 (No. of individuals)	比例 (Proportion) (%)
<2	690	34.94
2~5	760	38.48
5~10	381	19.29
10~20	136	6.89
20~30	6	0.30
30~60	2	0.10
>60	0	0.00

211 榕叶冬青　　*Ilex ficoidea*　　冬青科 Aquifoliaceae

- 个体数 （Individuals number/20hm²）= 1051
- 总胸高断面积 （Basal area）= 2.4153m²
- 重要值 （Importance value）= 2.3309
- 重要值排序 （Importance value rank）= 34
- 最大胸径 （Max DBH）= 43.6cm

乔木。枝具棱。叶长圆状椭圆形，长 4.5~10cm，宽 1.5~3.5cm，边具不规则的细圆齿状锯齿。花 4 基数，白色或淡黄绿色，芳香。果球形，直径 5~7mm，4 分核。花期 3~4 月，果期 8~11 月。

Trees. Branches angular. Leaf blade oblong-elliptic, 4.5-10 cm × 1.5-3.5 cm, margin irregularly crenate-serrate. Flowers 4-merous, white or yellowish green, fragrant. Fruits globose, 5-7 mm in diam, pyrenes 4. Fl. Mar.-Apr., fr. Aug.-Nov..

树干 Trunk

叶 Leaves

花 Flowers

径级分布表 DBH class

胸径等级 （Diameter class） （cm）	个体数 （No. of individuals）	比例 （Proportion） （%）
<2	399	37.96
2~5	457	43.48
5~10	137	13.04
10~20	57	5.42
20~30	0	0.00
30~60	1	0.10
>60	0	0.00

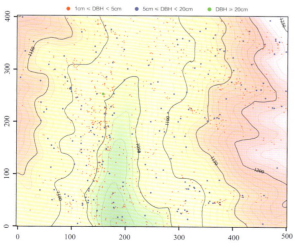

个体分布图 Distribution of individuals

212 广东冬青　　*Ilex kwangtungensis*　　冬青科 Aquifoliaceae

- 个体数（Individuals number/20hm²）= 55
- 总胸高断面积（Basal area）= 0.1462m²
- 重要值（Importance value）= 0.2078
- 重要值排序（Importance value rank）= 138
- 最大胸径（Max DBH）= 14.7cm

小乔木。叶干后黑色，卵状椭圆形，长 7~16cm，宽 3~7cm，有小齿或近全缘，反卷。花序单生。果椭圆形，直径 7~9mm，4 分核。花期 6 月，果期 9~11 月。

Small trees. Leaf blade black when dry, ovate-elliptic, 7-16 cm × 3-7 cm, margin minutely serrate or subentire, recurved. Inflorescences solitary. Fruit ellipsoidal, 7-9 mm in diam, pyrenes 4. Fl. Jun., fr. Sep.-Nov..

果枝 Fruiting branches

叶 Leaves

叶背 Leaf abaxial surface

个体分布图 Distribution of individuals

径级分布表 DBH class

胸径等级 （Diameter class） (cm)	个体数 （No. of individuals）	比例 （Proportion） (%)
<2	14	25.45
2~5	21	38.18
5~10	16	29.09
10~20	4	7.27
20~30	0	0.00
30~60	0	0.00
>60	0	0.00

213 矮冬青　　　*Ilex lohfauensis*　　　冬青科 Aquifoliaceae

- 个体数（Individuals number/20hm²）= 2
- 总胸高断面积（Basal area）= 0.0003m²
- 重要值（Importance value）= 0.0086
- 重要值排序（Importance value rank）= 213
- 最大胸径（Max DBH）= 1.4cm

常绿灌木或小乔木。叶长圆形或椭圆形，长1~2.5cm，宽5~12mm。花4（5）基数粉红色。果球形，直径约3.5mm，果梗长约1mm。花期6~7月，果期8~12月。

Evergreen shrubs or small trees. Leaf blade oblong or elliptic, 1-2.5 cm × 5-12 mm. Flowers 4(5)- merous, pink. Fruits globose, ca. 3.5 mm in diam, fruiting pedicel ca. 1 mm. Fl. Jun.-Jul., fr. Aug.-Dec..

枝叶 Branch and leaves

果枝 Fruiting branches

花枝 Flowering branches

径级分布表 DBH class

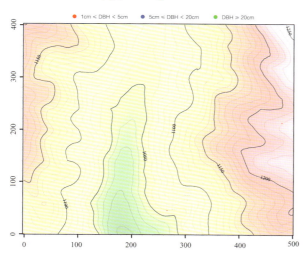

个体分布图 Distribution of individuals

胸径等级 （Diameter class） （cm）	个体数 （No. of individuals）	比例 （Proportion） （%）
<2	2	100.00
2~5	0	0.00
5~10	0	0.00
10~20	0	0.00
20~30	0	0.00
30~60	0	0.00
>60	0	0.00

214 大果冬青　　*Ilex macrocarpa*　　冬青科 Aquifoliaceae

- 个体数 （Individuals number/20hm²）= 4
- 总胸高断面积 （Basal area）= 0.0503m²
- 重要值 （Importance value）= 0.0243
- 重要值排序 （Importance value rank）= 201
- 最大胸径 （Max DBH）= 14.2cm

落叶乔木。叶在长枝上互生，在短枝上为 1~4 片簇生，长 4~13 （15） cm，宽 （3） 4~6cm。单花或聚伞花序。果球形直径 10~14mm，具宿存花萼。花期 4~5月，果期 10~11 月。

Deciduous trees. Leaves alternate on long branches, 1-4-clustered on short branches, blade 4-13(15) cm × (3)4-6 cm. Flowers solitary or fascicled in cymes. Fruit globose, 10-14 mm in diam, with persistent calyx. Fl. Apr.-May, fr. Oct.-Nov..

花枝 Flowering branches

果 Fruits

花 Flowers

径级分布表 DBH class

胸径等级 （Diameter class） （cm）	个体数 （No. of individuals）	比例 （Proportion） （%）
<2	1	25.00
2~5	0	0.00
5~10	1	25.00
10~20	2	50.00
20~30	0	0.00
30~60	0	0.00
>60	0	0.00

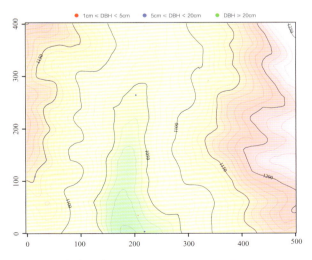

个体分布图 Distribution of individuals

215 黑叶冬青　　*Ilex melanophylla*　　冬青科 Aquifoliaceae

- 个体数（Individuals number/20hm²）= 42
- 总胸高断面积（Basal area）= 0.2093m²
- 重要值（Importance value）= 0.1552
- 重要值排序（Importance value rank）= 153
- 最大胸径（Max DBH）= 21.7cm

常绿灌木。叶椭圆形或长圆状椭圆形，长 6.5~8cm，宽 3~4cm。花未见。具 3 果的聚伞状果序单生于叶腋；宿存花萼直径约 3mm，6 裂。花期不明，果期 11 月。

Evergreen shrubs. Leaf blade elliptic or oblong elliptic, 6.5-8 cm × 3-4 cm. Flowers not known. Cymose infructescences solitary, axillary; persistent calyx ca. 3 mm in diam, pyrenes 6. Fl. unknown, fr. Nov..

树干 Trunk

叶 Leaves

叶背 Leaf abaxial surface

径级分布表 DBH class

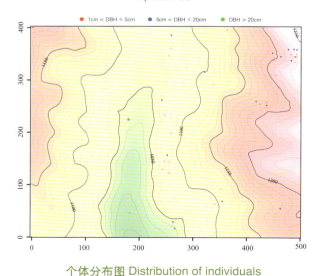

个体分布图 Distribution of individuals

胸径等级 (Diameter class) (cm)	个体数 (No. of individuals)	比例 (Proportion) (%)
<2	15	35.71
2~5	10	23.81
5~10	11	26.19
10~20	5	11.90
20~30	1	2.38
30~60	0	0.00
>60	0	0.00

216 谷木叶冬青　　*Ilex memecylifolia*　　冬青科 Aquifoliaceae

- 个体数（Individuals number/20hm²）= 78
- 总胸高断面积（Basal area）= 0.0636m²
- 重要值（Importance value）= 0.3259
- 重要值排序（Importance value rank）= 128
- 最大胸径（Max DBH）= 14.2cm

乔木。枝具棱。叶倒卵形或卵状长圆形，长 4~8.5cm，宽 1.2~3.3cm。花 4~6 基数，白色、芳香。果球形，直径 5~6mm，4 或 5 分核。花期 3~4 月，果期 7~12 月。

Trees. Branches angular. Leaf blade obovate or ovate-oblong, 4-8.5 cm × 1.2-3.3 cm. Flowers 4-6-merous, white, fragrant. Fruits globose, 5-6 mm in diam, pyrenes 4 or 5. Fl. Mar.-Apr., fr. Jul.-Dec..

树干 Trunk

果枝 Fruiting branches

叶背 Leaf abaxial surface

径级分布表 DBH class

胸径等级 (Diameter class) (cm)	个体数 (No. of individuals)	比例 (Proportion) (%)
<2	50	64.10
2~5	25	32.05
5~10	1	1.28
10~20	2	2.56
20~30	0	0.00
30~60	0	0.00
>60	0	0.00

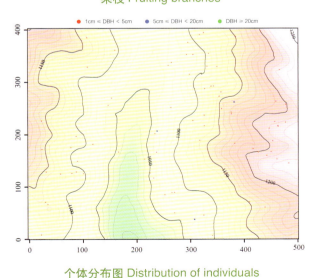

个体分布图 Distribution of individuals

217 小果冬青　　　*Ilex micrococca*　　　冬青科 Aquifoliaceae

- 个体数 （Individuals number/20hm²）= 56
- 总胸高断面积 （Basal area）= 1.1705m²
- 重要值 （Importance value）= 0.3664
- 重要值排序 （Importance value rank）= 125
- 最大胸径 （Max DBH）= 41.4cm

落叶乔木。叶卵形或卵状椭圆形，长 7~13cm，宽 3~5cm，顶端长尖，边有芒状齿。伞房状 2~3 回聚伞花序。果球形直径 3mm，6~8 分核。花期 5~6 月，果期 9~10 月。

Deciduous shrubs. Leaf blade ovate or ovate-elliptic, 7-13 cm × 3-5 cm, apex long acuminate, margin aristate-serrate. Corymbose cymes, cymules of order 2 or 3. Fruits globose, 3 mm in diam, pyrenes 6-8. Fl. May-Jun., fr. Sep.-Oct..

树干 Trunk

花枝 Flowering branches

果 Fruits

径级分布表 DBH class

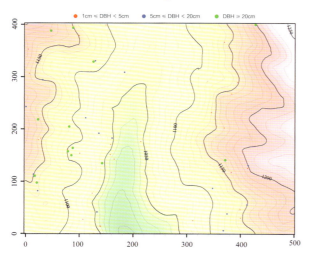

个体分布图 Distribution of individuals

胸径等级 （Diameter class） （cm）	个体数 （No. of individuals）	比例 （Proportion） （%）
<2	11	19.64
2~5	16	28.57
5~10	5	8.93
10~20	11	19.64
20~30	9	16.07
30~60	4	7.14
>60	0	0.00

218 毛冬青　*Ilex pubescens*　冬青科 Aquifoliaceae

- 个体数（Individuals number/20hm²）= 30
- 总胸高断面积（Basal area）= 0.0113m²
- 重要值（Importance value）= 0.1220
- 重要值排序（Importance value rank）= 158
- 最大胸径（Max DBH）= 5.2cm

灌木。枝密被硬毛。叶椭圆形，长 2~6cm，宽 1~2.5（3）cm，两面密被长硬毛，有锯齿。花序簇生。果扁球形，直径 4mnm，6 分核。花期 4~5 月，果期 8~11 月。

Shrubs. Branchlets hirsute. Leaf blade elliptic, 2-6 cm × 1-2.5 （3） cm, both surfaces hirsute, margin serrulate. Inflorescences fasciculate. Fruits compressed globose, 4 mm in diam, pyrenes 6. Fl. Apr.-May, fr. Aug.-Nov..

枝叶 Branch and leaves

果 Fruits

花 Flowers

径级分布表 DBH class

胸径等级 （Diameter class） （cm）	个体数 （No. of individuals）	比例 （Proportion） （%）
<2	23	76.67
2~5	6	20.00
5~10	1	3.33
10~20	0	0.00
20~30	0	0.00
30~60	0	0.00
>60	0	0.00

个体分布图 Distribution of individuals

219 铁冬青 *Ilex rotunda* 冬青科 Aquifoliaceae

- 个体数 (Individuals number/20hm²) = 214
- 总胸高断面积 (Basal area) = 0.6758m²
- 重要值 (Importance value) = 0.7676
- 重要值排序 (Importance value rank) = 87
- 最大胸径 (Max DBH) = 28.9cm

乔木。枝具棱。叶卵形、倒卵形或椭圆形，长4~9cm，宽1.8~4cm，无毛，全缘，反卷。花序单生；花4基数。果椭圆形，直径4~6mm，5~7分核。花期4月，果期8~12月。

Trees. Branchlets angular. Leaf blade ovate, obovate or elliptic, 4-9 cm × 1.8-4 cm, glabrous, margin entire, recurved. Inflorescences solitary; flowers 4-merous. Fruit ellipsoidal, 4-6 mm in diam, pyrenes 5-7. Fl. Apr., fr. Aug.-Dec..

花 Flowers

叶 Leaves

果 Fruits

径级分布表 DBH class

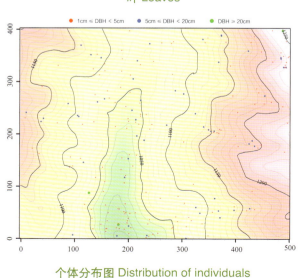

个体分布图 Distribution of individuals

胸径等级 (Diameter class) (cm)	个体数 (No. of individuals)	比例 (Proportion) (%)
<2	71	33.18
2~5	84	39.25
5~10	41	19.16
10~20	15	7.01
20~30	3	1.40
30~60	0	0.00
>60	0	0.00

220 拟榕叶冬青 *Ilex subficoidea* 冬青科 Aquifoliaceae

- 个体数（Individuals number/20hm²）＝397
- 总胸高断面积（Basal area）＝0.4629m²
- 重要值（Importance value）＝1.0567
- 重要值排序（Importance value rank）＝74
- 最大胸径（Max DBH）＝16.5cm

乔木。枝具棱。叶卵形或长圆状椭圆形，长 5~10cm，宽 2~3cm，边有圆齿。花白色，4 基数。果球形，直径 10~12mm，4 分核。花期 5 月，果期 6~12 月。

Trees. Branchlets angular. Leaf blade ovate or oblong-elliptic, 5-10 cm × 2-3 cm, margin obtusely serrate. Flowers white, 4-merous. Fruits globose, 10-12 mm in diam, pyrenes 4. Fl. May, fr. Jun.-Dec..

树干 Trunk

叶背 Leaf abaxial surface

枝叶 Branch and leaves

径级分布表 DBH class

胸径等级 (Diameter class) (cm)	个体数 (No. of individuals)	比例 (Proportion) (%)
<2	188	47.35
2~5	167	42.07
5~10	33	8.31
10~20	9	2.27
20~30	0	0.00
30~60	0	0.00
>60	0	0.00

个体分布图 Distribution of individuals

221 绿冬青 *Ilex viridis* 冬青科 Aquifoliaceae

- 个体数 （Individuals number/20hm²）＝3
- 总胸高断面积 （Basal area）＝0.0113m²
- 重要值 （Importance value）＝0.0163
- 重要值排序 （Importance value rank）＝207
- 最大胸径 （Max DBH）＝8cm

常绿灌木或小乔木；高 1~5m。叶倒卵形，长 2.5~7cm，宽 1.5~3cm，具细圆齿状锯齿。雄花 1~5 朵排成聚伞花序；雌花单生。果球形，直径 9~11mm。花期 5 月，果期 10~11 月。

Evergreen shrubs or small trees, 1-5 m tall. Leaf blade obovate, 2.5-7 cm × 1.5-3 cm, margin crenate-serrate. Male flowers 1-5 arranged in cymes; female flowers solitary. Fruits globose, 9-11 mm in diam. Fl. May, fr. Oct.-Nov..

果 Fruits

花 Flowers

枝叶 Branch and leaves

径级分布表 DBH class

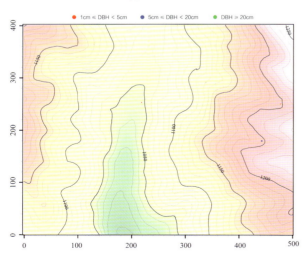

个体分布图 Distribution of individuals

胸径等级 （Diameter class） （cm）	个体数 （No. of individuals）	比例 （Proportion） （%）
<2	0	0.00
2~5	2	66.67
5~10	1	33.33
10~20	0	0.00
20~30	0	0.00
30~60	0	0.00
>60	0	0.00

222 常绿荚蒾 *Viburnum sempervirens* 冬青科 Aquifoliaceae

- 个体数（Individuals number/20hm²）= 10
- 总胸高断面积（Basal area）= 0.0023m²
- 重要值（Importance value）= 0.0312
- 重要值排序（Importance value rank）= 189
- 最大胸径（Max DBH）= 1.9cm

常绿灌木。嫩枝 4 棱。叶椭圆形，长 4~12（16）cm，宽 2.5~5cm，背面有小腺点，侧脉 3~4 条。复伞形聚伞花序顶生。核果直径 3~5mm。花期 5 月，果熟期 10~12 月。

Evergreen shrubs. Young branchlets angular. Leaf blade elliptic, 4-12 (16) cm × 2.5-5 cm, abaxially with tiny glandular dots, lateral veins 3-4. Compound umbel-like cymes terminal. Drupes 3-5 mm in diam. Fl. May, fr. Oct.-Dec..

果 Fruits

叶 Leaves

花 Flowers

径级分布表 DBH class

胸径等级 (Diameter class) (cm)	个体数 (No. of individuals)	比例 (Proportion) (%)
<2	10	100.00
2~5	0	0.00
5~10	0	0.00
10~20	0	0.00
20~30	0	0.00
30~60	0	0.00
>60	0	0.00

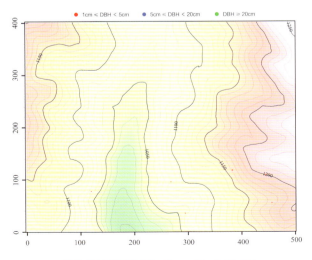

个体分布图 Distribution of individuals

223 狭叶海桐　　　*Pittosporum glabratum*　　　海桐科 Pittosporaceae

- 个体数（Individuals number/20hm²）= 1
- 总胸高断面积（Basal area）= 0.0001m²
- 重要值（Importance value）= 0.0043
- 重要值排序（Importance value rank）= 228
- 最大胸径（Max DBH）= 1cm

常绿灌木；高 1.5m。叶披针形，长 8~18cm，宽 1~2cm。伞形花序顶生，有花多朵；子房无毛；心皮 3。果长 2~2.5cm，3 开裂。花期 3~5 月，果期 6~11 月。

Evergreen shrubs, 1.5 m tall. Leaf blade lanceolate, 8-18 cm × 1-2 cm. Umbels terminal, many flowered; ovary glabrous; carpels 3. Fruits 2-2.5 cm, dehiscing by 3 valves. Fl. Mar.-May, fr. Jun.-Nov..

树干 Trunk

花 Flowers

果 Fruits

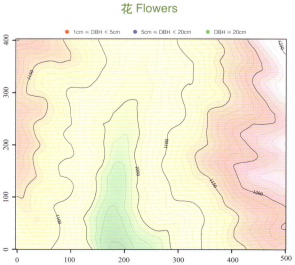

个体分布图 Distribution of individuals

径级分布表 DBH class

胸径等级 (Diameter class) (cm)	个体数 (No. of individuals)	比例 (Proportion) (%)
<2	1	100.00
2~5	0	0.00
5~10	0	0.00
10~20	0	0.00
20~30	0	0.00
30~60	0	0.00
>60	0	0.00

224 黄毛楤木　*Aralia chinensis*　五加科 Araliaceae

- 个体数（Individuals number/20hm²）= 38
- 总胸高断面积（Basal area）= 0.0682m²
- 重要值（Importance value）= 0.1338
- 重要值排序（Importance value rank）= 156
- 最大胸径（Max DBH）= 10.2cm

灌木或乔木。枝疏生细刺。枝、叶、伞梗密被黄棕色茸毛。叶为二回或三回羽状复叶，长 60~110cm。伞形花序组成圆锥花序，顶生，长 30~45cm。核果有 5 棱。花期 6~8 月，果期 9~10 月。

Shrubs or trees. Branches armed with sparse prickles. Branchlets, leaves, axis densely yellow-brown pubescent. Leaves 2 or 3-pinnately compound, 60-110 cm. Inflorescence a terminal panicle of umbels, 30-45 cm. Drupes with 5 ribs. Fl. Jun.-Aug., fr. Sep.-Oct..

树干 Trunk

叶 Leaves

果 Fruits

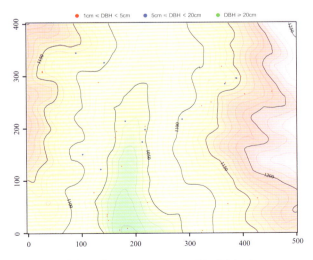

个体分布图 Distribution of individuals

径级分布表 DBH class

胸径等级 （Diameter class） （cm）	个体数 （No. of individuals）	比例 （Proportion） （%）
<2	2	5.26
2~5	25	65.79
5~10	10	26.32
10~20	1	2.63
20~30	0	0.00
30~60	0	0.00
>60	0	0.00

225 变叶树参　　*Dendropanax proteus*　　五加科 Araliaceae

- 个体数 （Individuals number/20hm²）＝18
- 总胸高断面积 （Basal area）＝0.0359m²
- 重要值 （Importance value）＝0.0572
- 重要值排序 （Importance value rank）＝177
- 最大胸径 （Max DBH）＝11.7cm

灌木或小乔木。叶片革质、纸质或薄纸质，叶形变异大，不裂至 2~5 深裂，叶背无腺点。伞形花序单生或 2~3 个聚生。果实球形。花期 8~9 月，果期 9~10 月。

Shrubs or small trees. Leaf blade leathery, papery or thinly papery, leaf blade variable in shape, margin entire or deeply 2-5-cleft, abaxially not glandular punctate. Umbels solitary or 2-3-clusterd. Fruits globose. Fl. Aug.-Sep., fr. Sep.-Oct..

花 Flowers

叶 Leaves

果 Fruits

径级分布表 DBH class

胸径等级 (Diameter class) (cm)	个体数 (No. of individuals)	比例 (Proportion) (%)
<2	6	33.33
2~5	8	44.44
5~10	3	16.67
10~20	1	5.56
20~30	0	0.00
30~60	0	0.00
>60	0	0.00

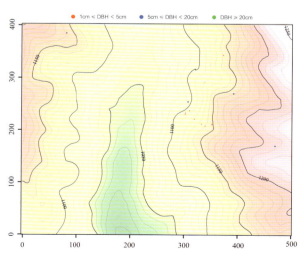

个体分布图 Distribution of individuals

226 刺楸 *Kalopanax septemlobus* 五加科 Araliaceae

- 个体数 （Individuals number/20hm²）＝6
- 总胸高断面积 （Basal area）＝0.1522m²
- 重要值 （Importance value）＝0.0292
- 重要值排序 （Importance value rank）＝192
- 最大胸径 （Max DBH）＝27.9cm

落叶乔木。小枝散生粗刺。叶圆形或近圆形，直径 9~25cm，掌状 5~7 浅裂。圆锥花序长 15~25cm；伞形花序直径 1~2.5cm。果实球形直径约 5mm，蓝黑色。花期 7~10 月，果期 9~12 月。

Deciduous trees. branches with numerous prickles. Leaf blade orbicular or suborbicular, 9-25 cm wide, palmately 5-7-lobed. Panicles 15-25 cm, Umbels 1-2.5 cm in diam. Fruits globose, ca. 5 mm in diam, bluish black. Fl. Jul.- Oct., fr. Sep.-Dec..

叶 Leaves

叶 Leaves

果 Fruits

径级分布表 DBH class

胸径等级 (Diameter class) (cm)	个体数 (No. of individuals)	比例 (Proportion) (%)
<2	0	0.00
2~5	0	0.00
5~10	1	16.67
10~20	4	66.67
20~30	1	16.67
30~60	0	0.00
>60	0	0.00

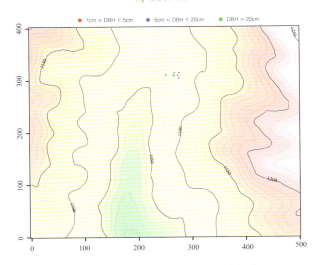

个体分布图 Distribution of individuals

227 穗序鹅掌柴　　　*Heptapleurum delavayi*　　　五加科 Araliaceae

- 个体数（Individuals number/20hm²）= 159
- 总胸高断面积（Basal area）= 0.1605m²
- 重要值（Importance value）= 0.4925
- 重要值排序（Importance value rank）= 114
- 最大胸径（Max DBH）= 8.6cm

乔木或灌木。枝、叶背、叶柄、花序被星状毛。掌状复叶有 4~7 小叶；小叶柄长 4~10cm。花密集成穗状，再组成 40cm 以上的大圆锥花序。果实球形。花期 10~11 月，果期翌年 1 月。

Trees or shrubs. Branchlets, leaf blades abaxially, petioles and inflorescences stellate pubescent. Leaves palmately compound, 4-7-leaflets; petiolules 4-10 cm. Inflorescence longer than 40 cm, a panicle of spikes. Fruits globose. Fl. Oct.-Nov., fr. Jan. of following year.

枝 Branch

叶 Leaves

花 Flowers

径级分布表 DBH class

胸径等级 （Diameter class） （cm）	个体数 （No. of individuals）	比例 （Proportion） （%）
<2	9	5.66
2~5	139	87.42
5~10	11	6.92
10~20	0	0.00
20~30	0	0.00
30~60	0	0.00
>60	0	0.00

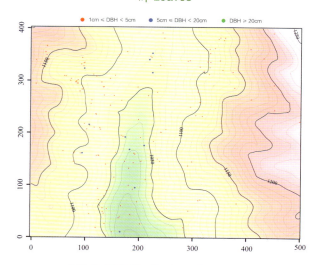

个体分布图 Distribution of individuals

228 星毛鸭脚木　*Heptapleurum minutistellatum*　五加科 Araliaceae

- 个体数（Individuals number/20hm²）= 8
- 总胸高断面积（Basal area）= 0.0036m²
- 重要值（Importance value）= 0.0314
- 重要值排序（Importance value rank）= 188
- 最大胸径（Max DBH）= 3.4cm

灌木或小乔木。叶柄长 12~45（66）cm；小叶 7~15 片，长 10~16cm，宽 4~6cm。圆锥花序顶生，长 20~40cm。果实球形，有 5 棱，直径 4mm。花期 9 月，果期 10 月。

Shrubs or small trees. Petiole 12-45(66) cm; leaflets 7-15, 10-16 cm × 4-6 cm. Panicle terminal, 20-40 cm. Fruits globose, 5-ribbed, 4 mm in diam. Fl. Sep., fr. Oct..

树干 Trunk

整株 Whole plant

叶背 Leaf abaxial surface

径级分布表 DBH class

胸径等级 (Diameter class) (cm)	个体数 (No. of individuals)	比例 (Proportion) (%)
<2	3	37.50
2~5	5	62.50
5~10	0	0.00
10~20	0	0.00
20~30	0	0.00
30~60	0	0.00
>60	0	0.00

个体分布图 Distribution of individuals

(图例：● 1cm ≤ DBH < 5cm　● 5cm ≤ DBH < 20cm　● DBH ≥ 20cm)

附录 I　植物中文名索引
Appendix I　Chinese Species Name Index

附录 II　植物学名索引
Appendix II　Scientific Species Name Index